奋斗
的辉煌

FENDOU DE HUIHUANG

人生大学讲堂书系
人生大学活法讲堂

拾月　主编

主　编：拾　月
副主编：王洪锋　卢丽艳
编　委：张　帅　车　坤　丁　辉
　　　　李　丹　贾宇墨

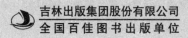

吉林出版集团股份有限公司
全国百佳图书出版单位

图书在版编目（ＣＩＰ）数据

奋斗的辉煌／拾月主编. -- 长春：吉林出版集团股份有限公司，2016.2（2022.4重印）

（人生大学讲堂书系）

ISBN 978-7-5581-0738-2

Ⅰ. ①奋… Ⅱ. ①拾… Ⅲ. ①成功心理－青少年读物 Ⅳ. ①B848.4-49

中国版本图书馆CIP数据核字（2016）第041338号

FENDOU DE HUIHUANG

奋斗的辉煌

主　　编	拾　月	
副 主 编	王洪锋　卢丽艳	
责任编辑	杨亚仙	
装帧设计	刘美丽	

出　　版	吉林出版集团股份有限公司	
发　　行	吉林出版集团社科图书有限公司	
地　　址	吉林省长春市南关区福祉大路5788号　邮编：130118	
印　　刷	鸿鹄（唐山）印务有限公司	
电　　话	0431-81629712（总编办）　0431-81629729（营销中心）	
抖 音 号	吉林出版集团社科图书有限公司　37009026326	

开　　本	710 mm×1000 mm　1 / 16
印　　张	12
字　　数	200 千字
版　　次	2016 年 3 月第 1 版
印　　次	2022 年 4 月第 2 次印刷

书　　号	ISBN 978-7-5581-0738-2
定　　价	36.00 元

如有印装质量问题，请与市场营销中心联系调换。0431-81629729

"人生大学讲堂书系" 总前言

　　昙花一现，把耀眼的美只定格在了一瞬间，无数的努力、无数的付出只为这一个宁静的夜晚；蚕蛹在无数个黑夜中默默地等待，只为了有朝一日破茧成蝶，完成生命的飞跃。人生也一样，短暂却也耀眼。

　　每一个生命的诞生，都如摊开一张崭新的图画。岁月的年轮在四季的脚步中增长，生命在一呼一吸间得到升华。随着时间的推移，我们渐渐成长，对人生有了更深刻的认识：人的一生原来一直都在不停地学习。学习说话、学习走路、学习知识、学习为人处世……"活到老，学到老"远不是说说那么简单。

　　有梦就去追，永远不会觉得累。——假若你是一棵小草，即使没有花儿的艳丽，大树的强壮，但是你却可以为大地穿上美丽的外衣。假若你是一条无名的小溪，即使没有大海的浩瀚，大江的奔腾，但是你可以汇成浩浩荡荡的江河。人生也是如此，即使你是一个不出众的人，但只要你不断学习，坚持不懈，就一定会有流光溢彩之日。邓小平曾经说过："我没有上过大学，但我一向认为，从我出生那天起，就在上着人生这所大学。它没有毕业的一天，直到去见上帝。"

　　人生在世，需要目标、追求与奋斗；需要尝尽苦辣酸甜；需要在失败后汲取经验。俗话说，"不经历风雨，怎能见彩虹"，人生注定要九转曲折，没有谁的一生是一帆风顺的。生命中每一个挫折的降临，都是命运驱使你重新开始的机会，让你有朝一日苦尽甘来。每个人都曾遭受过打击与嘲讽，但人生都会有收获时节，你最终还是会奏响生命的乐章，唱出自己最美妙的歌！

正所谓，"失败是成功之母"。在漫长的成长路途中，我们都会经历无数次磨炼。但是，我们不能气馁，不能向失败认输。那样的话，就等于抛弃了自己。我们应该一往无前，怀着必胜的信念，迎接成功那一刻的辉煌……

　　感悟人生，我们应该懂得面对，这样人生才不会失去勇气……

　　感悟人生，我们应该知道乐观，这样生活才不会失去希望……

　　感悟人生，我们应该学会智慧，这样在社会上才不会迷失……

　　本套"人生大学讲堂书系"分别从"人生大学活法讲堂""人生大学名人讲堂""人生大学榜样讲堂""人生大学知识讲堂"四个方面，以人生的真知灼见去诠释人生大学这个主题的寓意和内涵，让每个人都能够读完"人生的大学"，成为一名"人生大学"的优等生，使每个人都能够创造出生命中的辉煌，让人生之花耀眼绚丽地绽放！

　　作为新时代的青年人，终究要登上人生大学的顶峰，打造自己的一片蓝天，像雄鹰一样展翅翱翔！

"人生大学活法讲堂"丛书前言

"世事洞明皆学问，人情练达即文章。"可见，只有洞明世事、通晓人情世故，才能做好处世的大学问，才能写好人生的大文章。特别是在我们周围，已经有不少成功的人，他们以自己取得的骄人成绩向世人证明：人在生活面前从来就不是弱者，所有人都拥有着成就大事的能力和资本。他们成功的为人处世经验，是每个追求幸福生活的有志青年可以借鉴和学习的。

幸运不会从天而降。要想拥有快乐幸福的人生，我们就要选择最适合自己的活法，活出自己与众不同的精彩。

事实上，每个人在这个世界上生存，都需要选择一种活法。选择了不同的活法，也就选择了不同的人生归宿。处事方式不当，会让人在社会上处处碰壁，举步维艰；而要想出人头地，顶天立地地活着，就要懂得适时低头，通晓人情世故。有舍有得，才能享受精彩人生。

奉行什么样的做人准则，拥有什么样的社交圈子，说话办事的能力如何……总而言之，奉行什么样的"活法"，就有着什么样的为人处世之道，这是人生的必修课。在某种程度上，这决定着一个人生活、工作、事业等诸多方面所能达到的高度。

人的一生是短暂的，匆匆几十载，有时还来不及品味就已经一去不复返了。面对如此短暂的人生，我们不禁要问：幸福是什么？狄慈根说："整个人类的幸福才是自己的幸福。"穆尼尔·纳素夫说："真正的幸福只有当你真正地认识到人生的价值时，才能体会到。"不管是众人的大幸福，还是自己渺小的个人幸福，都是我们对于理想生活的一种追求。

要想让自己获得一个幸福的人生，首先就要掌握一些必要的为人处世经验。如何为人处世，本身就是一门学问。古往今来，但凡有所成就之人，无论其成就大小，无论其地位高低，都在为人处世方面做得非常漂亮。行走于现代社会，面对激烈的竞争，面对纷繁复杂的社会关系，只有会做人，会做事，把人做得伟岸坦荡，把事做得干净漂亮，才会跨过艰难险阻，成就美好人生。

那么，在"人生大学"面前，应该掌握哪些处世经验呢？别急，在本套丛书中你就能找到答案。面对当今竞争激烈的时代，结合个人成长过程中的现状，我们特别编写了本套丛书，目的就是帮助广大读者更好地了解为人处世之道，可以运用书中的一些经验，为自己创造更幸福的生活，追求更成功的人生。

本套丛书立足于现实，包含《生命的思索》《人生的梦想》《社会的舞台》《激荡的人生》《奋斗的辉煌》《窘境的突围》《机遇的抉择》《活法的优化》《慎独的情操》《能量的动力》十本书，从十个方面入手，通过扣人心弦的故事进行深刻剖析，全面地介绍了人在社会交往、事业、家庭等各个方面所必须了解和应当具备的为人处世经验，告诉新时代的年轻朋友们什么样的"活法"是正确的，人要怎么活才能活出精彩的自己，活出幸福的人生。

作为新时代的青年人，你应该时时翻阅此书。你可以把它看作一部现代社会青年如何灵活处世的智慧之书，也可以把它看作一部青年人追求成功和幸福的必读之书。相信本套丛书会带给你一些有益的帮助，让你在为人处世中增长技能，从而获得幸福的人生！

第1章　奋斗中艰难前行，逆境中拼搏辉煌历程

第4章　奋斗中瞬息万变，发展中拥有魅力人生

目录 Contents

第5章 奋斗中注重细节，成功中缩小失败差距

第 **1** 章

奋斗中艰难前行，逆境中拼搏辉煌历程

人们常说的一句话就是：逆境出人才。逆境是人生中的一种考验，也是生活中的一种磨砺。逆境对我们每个人来说都称得上是对成长的一种变相的激励。逆境之所以造就人才，那是因为深陷逆境中的人们能够正视生活中的各种磨难，拥有迎难而上的勇气和坚持不懈的意志。

第一节　别怕逆境来敲门

直视逆境才能变得更强大

逆境对我们每个人来说都称得上是对成长的一种变相的激励。逆境之所以造就人才，那是因为深陷逆境中的人们能够正视生活中的各种磨难，拥有迎难而上的勇气和坚持不懈的意志。在生活中遇到挫折是在所难免的事情，眼下最重要的不是一味地逃避挫折，而是要在挫折面前采取积极进取的态度，勇敢地面对艰难险阻，不惧怕挫折，这是一种积极向上的心态，更是人生的一堂必修课。人们常说的一句话就是：逆境出人才。佛教中也有一种说法是：人在顺境中是不能修行成佛的，人只能在逆境中修行。逆境是人生中的一种考验，也是生活中的一种磨砺。我们每一个人生活在这个世界上，永远不可能是一帆风顺的。一个人要想坚强起来，就应该欣然地接受逆境的磨炼。因为只有身处逆境，人才会努力、思考、精进，才会思变，才会改变，才会领悟。

从前，有一个特别喜欢吃杧果的人。有一天，这个人决定摘一只最甜的杧果来吃。而最甜的杧果一般都是长在树的最顶端的，因为杧果接受到的日照越多，味道也就越甜。所以，他爬到了树的顶端。

这时，一根树枝突然断了，他失足跌了下来。幸运的是，他及时抓住了另一根树枝。他吊在这根摇摇欲坠的树枝上，既上不去，也下不来，着实显得尴尬了些。

于是，他开始大声呼救，希望能够得到帮助。在附近居住的村民都闻讯赶来了，并带来了绳子和竹竿，但都无济于事。"我完了！"他这么想着。过了一会儿，一位智者走了过来。这位智者曾经多次帮助村民解决过许多疑难问题，所以大家看到他，就像是看到了救星一样，希望他这次也能想出一个好办法。

智者沉思片刻后，拾起一块石子，朝吊在树枝上的人扔去。大家见状都惊讶万分，而吊在树上的人也气得大叫："干什么？你疯了吗？想摔死我吗？"

智者不语，接着又拾起一块石子，仍是朝这个人扔去。

这人现在已经变得很暴躁了，吼道："你等我下来，我一定给你点儿颜色瞧瞧！"

大家看到这种情形对智者也很不满，心想这个吊着的人如果下来后对智者动手，他们也一定不会去阻拦的。可是，他现在怎么才能够下来呢？

大家都一筹莫展，只能焦急地等待着。过了不久，智者再一次拾起一块石子，仍旧朝那个可怜的人扔去。这一次他下手的力度比前两次更狠、更快了。树上的人已经忍无可忍了，已经到了如果不下来出这口恶气就枉为男人的暴怒地步了！所以，他想方设法，用尽全身力气、全部才智，调动每一根神经，终于抓到了一根粗壮的树枝，顺利地脱离了险境。

其实，当你身处逆境的时候，那些同情你的人只会让你感到更加自

卑，而真正能帮助你的人是朝你扔石子的人。事实上，很多时候，我们身处困境，却总不能自拔，不是因为困难和危险的存在，而是因为我们害怕、我们没有勇气，因为我们自己放弃了选择克服困难和走出困境的机会。可当我们把握住机会时，我们就克服了困难，走出了困难。

逆境是激发潜能的最佳时机

在北欧的一座教堂里面，有一尊耶稣被钉在十字架上的雕像，大小和一般人差不多。传言他有求必应，所以专程前来这里祈祷、膜拜的人也就特别的多，几乎可以用门庭若市来形容了。

教堂里面有一位看门的人，看十字架上的耶稣每天都要应付这么多人的要求，觉得有点儿于心不忍，所以他产生了希望能分担耶稣辛苦的想法。有一天，他祈祷时向耶稣表明了这份心愿。意外地，他听到一个声音，说："好啊！我下来为你看门，你上来被钉在十字架上。但是，不论你看到什么、听到什么，都不可以说一句话。"这位先生觉得这个要求很简单。于是，耶稣下来了，看门的先生上去，像耶稣被钉在十字架般地伸张了双臂，本来雕像就雕得和真人差不多，所以前来膜拜的人们并没有怀疑他。这位先生也依照先前的约定，沉默不语，聆听信友的心声。来来往往的人络绎不绝，他们的祈求，有合理的，有不合理的，千奇百怪，不一而足。但是，无论如何，他都强忍下来了而没有说话，因为他必须信守先前的承诺。

有一天，这里来了一位富商，当富商祈祷完后，竟然忘记拿手边的钱便离去。他看在眼里，真想叫那位富商回来，可是他仍旧憋着，什么也不能说。

接着又来了一位三餐不继的穷人，他祈祷耶稣能帮助他渡过生活的难关。当要离去时，发现先前那位富商留下的袋子，打开一看，里面全是钱。穷人高兴得不得了，耶稣真好，真是有求必应，千恩万谢地离去了。十字架上伪装的"耶稣"看在眼里，想告诉他，这不是你的东西。但是，有约在先，他仍然憋着不能说。接下来有一位要出海远行的年轻人来到这里，他是来祈求耶稣降福他平安的。正当要离去时，富商冲进来，抓住年轻人的衣襟，要求年轻人还钱。年轻人不明就里，两人便吵了起来。就在这个时候，十字架上伪装的"耶稣"终于忍不住，遂开口说话了。既然事情都已经清楚了，富商便去找冒牌耶稣形容的穷人，而年轻人则匆匆地离去，生怕搭不上船。化装成看门的耶稣出现了，指着十字架上的人说："你下来吧！那个位置你没有资格了。"看门人说："我把真相说出来，主持公道，难道有什么不对吗？"耶稣说："你懂得什么？那位富商并不缺钱，他的那袋钱不过是用来嫖妓用的，可是对那穷人，却可以挽回一家大小的生计；最可怜的就是那位年轻人，如果富商一直缠下去，延误了他出海的时间，他或许还能保住一条命，可现在，他所搭乘的船正沉入海中。"

这是一个听起来有点儿诙谐的寓言故事，却透露出这样一个道理：在现实生活中，我们常自以为是地认为怎么样才是最好的，但事与愿违，让人意不能平。但必须相信：目前，我们所拥有的，不论是顺境、逆境，都是对我们最好的安排。如此这般，我们才能在顺境中感恩，在逆境中依旧心存希望。人生的事，没有十全十美。但是，我们应该认真活在当下。马斯洛曾说："心若改变，你的态度跟着改变；态度改变，你的习惯跟着改变；习惯改变，你的性格跟着改变；性格改变，你的人生跟着改变。"在顺境中感恩，在逆境中依旧心存喜乐，认真地活在当下。

从定义方面来看，人活着，总是处在一定的社会环境和自然环境中，当这样的环境为我们成才的方方面面都设置了有利的条件，有助于我们主观能动性的发挥时，这种环境就是顺境。当我们生活在无论维持生存还是成就事业时，总是感到困难重重，压抑苦闷时，这种环境就是逆境。"逆"的意思就是方向相反，和顺境相对。"逆境"解释说来就是不顺利的境遇。那么，不顺利的条件会有转化为有利条件的可能性吗？伟大的人物通常都是那些饱经苦难，并且在长期受难的逆境中不屈不挠地奋斗的人——逆境造就人才。不甘于平庸凡俗的人，就要从这里——逆境出发，勇于超越自我，成就璀璨人生。苦难纵然让人感到痛苦，但也催人奋进，让人最大限度地发挥自己的潜能，从而成就辉煌的人生。古今中外，许许多多的伟人都是从险恶的路途中奔向成功的。贝多芬创作出令大家振奋的音乐，是他"用痛苦换来的欢乐"。这位不幸的人，17岁就患了伤寒和天花病，26岁，失去了听觉，爱情上也屡受挫折。身处逆境中的贝多芬发誓"要扼住命运的咽喉"，在乐曲创作上，他的生命之火愈燃愈旺。逆境不但没有压倒他，反而成了他获得强大生命力的磁场。泰戈尔说："只有经过地狱般的磨炼，才能炼出创造天堂的力量。只有流过血的手指，才能弹奏出世间的绝唱。"苦难——赋予人超乎寻常的慧眼，铸就伟大的心灵。杜甫，中国古代伟大的现实主义诗人，他的诗被称为"诗史"，他以饱含血泪的笔触广泛而深刻地反映了当时的黑暗现实，记录下了老百姓的深重灾难。然而，他一生坎坷无依，命途多舛。仕途不顺，长年居无定所，穷困潦倒；尤其是晚年，疾病缠身，孤苦伶丁，十分凄惨。历尽人生辛酸的遭遇，让他更加同情民生的疾苦，关心国家的兴亡；他那忧国忧民的情怀，在饱含艰辛的生活里不但没有衰退，反而更加强烈了。也正因为这样，他才能写出大量优秀的诗篇，成为一个伟大的诗人。人生的价值，生命的意义，应该在什么地方通过什么形式体现出来，许多伟人已经为我们做出了表率和说明。不经历风吹雨打，哪会有秋实的成熟；不经历刺骨的寒风，哪会有松柏的坚韧。同样，不经受磨难，哪有辉煌可言。所以，当我们面对困难，遭遇挫折，经受磨难时，让我们从逆境出发，不怨叹，不彷徨，不犹豫，汲取先进人物的勇气做我们的养料，将逆境作为我们人生不竭动力的源泉，勇敢而坚定地走向未来。

第二节　烈火试真金，逆境试强者

用好的心态去战胜逆境

社会是残酷的，人生是苦涩的。挫折是每个人成长的必经之路，没有经历失败就不会走向成熟。不论面对挫折是总结教训还是奋起拼搏，或是放大痛苦沉溺于失望之中，最后我们都将明白：人生遭遇挫折是必然的，而放大痛苦则会造成下一次的失败，有时调整心态，学会放下和宽容，痛苦就会烟消云散，一切皆可云淡风轻。

面对人生的挫折，勾践牢记肩负的使命，选择了忍辱负重，卧薪尝胆20年，终于实现了"三千越甲可吞吴"的愿望；面对丧妻之痛和流放的境遇，苏东坡高唱"归去，也无风雨也无情"，于是文传千古、名留万世；面对权贵的冷落和排挤，满腹才学的李白抒写出"安能摧眉折腰事权贵"的豪迈。调整心态，忘却烦恼，笑对人生，寄情于山水之中，览遍名山大川，李白获得个潇洒的"谪仙人"之名；面对屈辱和苦难，司马迁以"人固有一死，或重于泰山，或轻于鸿毛"的心态，学会放下，追寻梦想的脚步，选择坚强，全身心投入，著成一部闪耀史册的伟大著作——《史记》，终成名垂青史的史家之绝唱。

云淡风轻是一种坦然的心态。当遭遇了人生中的不如意时不如放下心中的包袱，那时闲适和快乐便会回到身边。面对官场的污浊和腐败，陶渊明以"不为五斗米折腰"的傲骨选择了归隐山林，他没有因辞官而感到痛苦，而是选择在闲适的田园生活中找到了自然和平和的心境。北窗高卧，戴月归家，那是何等的洒脱？留下的诗文被后世推崇，那是何等荣耀？陶公因为坦然，得到了应有的回报。面对失败和挫折，放大痛苦必然是雪上加霜的，因为给自己加上太多的包袱，那只会使自己陷入连续的失败之中。

再说苏东坡，他因"乌台诗案"被贬后心中十分愤懑，于是他吟出"拣尽寒枝不肯栖，寂寞沙洲冷"的诗句。他因人生的波折、家庭的衰败而变得消沉，但当他来到黄州面对大江赤壁，面对天地自然的时候，却一改往日忧郁，感悟到个人是如此的渺小，而天地是如此的广阔，于是高歌"渺沧海之一粟，羡长江之无穷"，从痛苦中挣扎出来，化蛹为蝶。苏东坡遭遇了巨变时和寻常人一样，意志消沉，认为所有的一切都不顺利，认为人人都与他为敌，放大了自己被贬官的痛苦，于是遭到了小人的诬陷，说其不满朝廷而被流放。值得庆幸的是，苏东坡振作起来了，因为他明白了坦然的意义，明白了云淡风轻会让一切痛苦烟消云散。

"去留无意，看庭前花开花落；荣辱不惊，望天上云卷云舒。"人生不如意之事十之八九，当遭遇失意之事，不妨让它随风而去，坦然地面对人生。

20世纪90年代的一天，美国总统克林顿携夫人希拉里出席一个为残疾人谋求职业的仪式。与此同时，一名美国运动员退役的新闻发布会也正在美利坚大地的另一处举行。作为一个球迷，克林顿也未能免俗地有些心猿意马，忍不住在仪式上说了毫无干系的一番话："在我的一生中，还没有能看到有其他的运动员能将头脑、身体和精神诸项素质结合得像他那样精美。我觉得美国的体育迷用一到两天的时间发出'喔啊'的感叹是很正常的。如莱特兄弟一样与其他的美国先驱，他证明了人类确实可以飞翔！"

那一年，这名运动员刚好36周岁。几个月以前，他用一次诡异多端的出手为NBA画下了一道曼妙的曲线，以87比86的一分优势，助芝加哥公牛队反败为胜，并为自己摘得第六枚总冠军戒指。

而在美国NBA职业篮球队中，赋有天分的篮球队员有很多，而真正称得上"飞人"的却只有一人——乔丹。

究竟是什么动力，让乔丹获得如此的成绩呢？答案是：教练的一句话改变了他的一生。那是在乔丹还是个不太知名的球员时，一场比赛胜利后，乔丹和同伴还沉浸在沾沾自喜地畅说胜利的喜悦中。教练却未露出过多的胜利的笑容，而是把乔丹拉到一旁，严肃地把乔丹批评了一顿，其中的一句话让乔丹永铭于心："你是一个优秀的队员，可今天在比赛现场，你发挥得极差，完全没有创新和突破，这不是我想象中的乔丹。你要想在美国篮球队一鸣惊人，就必须时刻记住——要学会自我淘汰，淘汰昨天的你，淘汰自我满足的你……"乔丹就是凭借着这位高中时教练的一句话，挺进了芝加哥公牛队，后来逐渐成为全美国乃至全世界家喻户晓的"飞人乔丹"。

抛却出神入化的球技，人们更难忘怀的还有乔丹的人格魅力。在千万富翁云集，但却充斥着迷醉味道和纹身色彩的巨人阵营中，似乎只有乔丹出淤泥而不染。他恪守体育道德，尊师爱幼，大有君子之风。在青少年心中，乔丹成了无瑕的榜样。这正是与他不断进行自我淘汰，不断地淘汰自身的不完美有关！

不要渴望一帆风顺

巴尔扎克说："绝境，是天才的晋身之阶，信徒的洗礼之水，能人的无价之宝，弱者的无底深渊。"每个人都希望人生平坦，一帆风顺，都希望自己永远处在顺境之中。殊不知，在顺境之中，你收获的仅仅只是表面的成功与财富。而实际上，则是在丧失血液中原本奔涌着的激情与信念。"生于忧患，死于安乐。"顺境是一种麻醉剂，让你完成从森林之王到病猫的转变，而你自己还浑然未觉。

可是逆境却不同，逆境是一次洗礼，一次转折，一次升华。每个人都不希望陷入逆境，却不知，那人人厌恶的逆境是上帝对你的垂爱和眷顾，给你一次改变命运的机会。在逆境中往往会突破以往对自己能力的认知，书写出连自己都未曾想过的神话。当然，这仅仅限于那些不甘心平庸的有理想有抱负的强者。一旦走出困境，回首而望，你会说你从未发现，自己比自己想象中的要坚强，要伟大，要聪明。毕竟这个世界正如马克思主义哲学中所说的，是由物质构成的，不以人的意志为转移的。所以，我们每个人都会在坦途中伴随着山路，成绩不理想、得不到老师的信任、无端遭受排挤和打击等。有的人被逆境击溃，懊丧不已，却不肯坚持，但逆境之后便会是坦途啊！如若一个人练就了在逆境中的沉着稳健，那么在以后的顺境中不是更能勇往直前吗？想要超越困境，需要战胜的敌人只有一个，那便是自己。超越了自己便一定能在逆境中迈出前进的脚步，成为能人，而非弱者。

什么事情都是成也在人，败也在人。失败者不是天生就比成功者差，而是在逆境中成功者比失败者多坚持了一分钟，多走了一步路，多思考了一个问题。自古英雄多磨难，一个平凡人成为一个领域或一个时代的英雄，是挫折磨难使然。英雄能战胜自我，在逆境中抓住机遇，而平凡人在逆境中随波逐流，自己放弃了自己。"宝剑锋从磨砺出，梅花香自苦寒来。"坚信多一次逆境，便多一份机遇。感谢逆境！

　　在一个农庄的角落有块难看的大石头，直径约有30厘米，高有10厘米。刚嫁过去的媳妇不解地问道："我们不能把它移开吗？""不能，"她的丈夫肯定地回答，"有史以来，它就在那里了。"旁边的公公也附和道："我想它的根一定非常深，我们祖先来这里时，它就一直住在这里，从没有人能把它移走。"物换星移，数十年过去了，妇人的丈夫和公公早已过世，儿女也长大，一个个离家自立了。有一天，妇人闲来无事，打算好好整理荒废已久的院子。她看到那块碍眼的石头，决定和石头奋战一番，就搬来大批工具，准备花很长一段时间把石头掘走。哪晓得只用了不到5分钟的时间，一把铁铲就把石头挖起来了。她站在原地惊愕不已，大家都深信这块石头既深且大，绝对动不了，其实也不过如此。

　　摩西当年率领数十万的以色列子民离开埃及，前往上帝应许他们的迦南地。在进入该地之前，他曾派了12名探子先去勘察地形及军情。然而，这些人回报了一个非常悲观的消息，其中有十个探子都说那里的居民各个高大如同巨人，相比之下，以色列人不过是小小的蚱蜢，此番前去必败无疑。以色列人闻此噩耗惊慌不已，纷纷向摩西埋怨，有些人甚至准备转回埃及去了。如果不是摩西的坚持和信心，一举攻破了敌营，以色列人至今或许还在旷野流浪。

对一个缺乏信心的人而言，人生的"迦南地"都是高大可怕的巨人，自己不过是一只微不足道的蚱蜢，所以踌躇再三，畏葸不前。这样的人也常常习惯用放大镜看事情，把许多问题不断地扩大，让自己心生畏惧，以致处处动弹不得。这些人根本在还没有尝试和努力之前，已经先被自己的意念打败了。因此人生的对手不光是那些难题，还有自我，而这个"我"可能才是真正可怕的敌人。

雨果曾说："上帝给予人一份困难时，同时也给人一份智力。"因此，当你面对既庞大又困难的事时，请牢牢记住："人生没有办不成的事。"让这宝贵的祝福化为内在的信心，成为你努力前进的动机。

千万不要被眼前如山高的障碍吓倒了，高山可以使你看到更美的风景；巨大的困难也将激发出你生命的潜力。同时最重要的是，当你以坚定的态度去面对那些难题时，你会惊奇地发现：问题逐渐缩小了，你不需要花费原来想象的庞大代价就能轻易克服。实现理想的第一步往往最辛苦，所以愿意开始行动的人，其实已经成功了一大半。

第三节　守候到下一个春天

努力改正和真正收获

我们在生活、工作、学习的过程中，难免会有错误的想法和过激的行为，也难免会有判断的失误和不可逾越的挫折，只要我们能够及时地发现问题并且努力改正，我们周围的境况就会变得越来越好。

蚌因"病"而得珍珠，狗因"病"而成狗宝，牛因病而生牛黄……当我们埋头忙于对错误的补救的时候，也许会因祸得福，从而使它的生命得以在人世间绽放光彩。人生不可能一辈子都不犯错误。孟子有云："人恒过，然后能改。困于心，衡于虑，而后喻；征于色，发于声，而后作。"这也就是"知错能改，善莫大焉"的最佳解释了。可见，缺陷和错误，过失和挫折总是伴随着我们生活的左右。但我们贵在"能改"而"后作"上。当一粒沙子嵌入了蚌的体内的时候，蚌无法将其排出体外，就会分泌出一种半透明的液体疗以自用。经过长时间的转换后，那粒沙子就被层层地包裹起来，形成一颗颗晶莹璀璨的珍珠。人们珍爱的珍珠，璀璨夺目的珍珠，居然是因为蚌之"病"后磨砺出来的。仔细想想，"蚌病生珠"的事物还真是屡见不鲜。由此可见，有些时候病也有可能"病"出好处来。珍珠，是蚌病之后，是对错误的补救，因祸得福，使它的生命得以在人世中绽放光彩。

由此推彼，人之"病"也就没有什么可怕的了，或者是不可饶恕的了。生病了，只要能够及时就医，及时采取措施进行补救，也许会有其他的好处也说不定。

莎士比亚曾说过："知错就改，永远是不嫌迟的。"可见缺陷、错误、失误及不如意是经常伴随我们生活的左右的。但贵在"能改"而"后作"上。我们在生活、工作、学习的过程中，也难免会有错误的想法和过激的行为，也难免会有愤世嫉俗的负面情绪，但是只要我们能够及时地发现问题并改正它，就会越来越好。

沙漠里也有风景

古希腊著名的哲学家苏格拉底，年轻的时候，曾和他的几个朋友共同挤在一间七八平方米的房子里，苏格拉底一天到晚总是笑嘻嘻的。

于是便有人问苏格拉底："那么小的房子，就连转个身都很困难，你怎么每天都会那么高兴呢？"苏格拉底乐呵呵地说："我和朋友们在一起时，任何时候都可以交流思想和感情，这难道还不值得我高兴吗？"

又过了一段时间之后，他的朋友们都相继地结了婚，先后都搬离了这里。这时，房子里只剩下苏格拉底一个人，可是苏格拉底依然每天开开心心的。

那个人又问苏格拉底："现在你变成孤单单的一个人了，还有什么值得高兴的吗？"然而，苏格拉底仍是快乐地说："我有许多书可以陪伴着，这其中的每一本书都是一个老师，时时刻刻我都可以向这些老师们进行请教，和它们在一起的时候，我怎么会感到不开心呢？"

又过了很多年，在苏格拉底结婚之后，搬进了一幢七层的高楼里。可是，苏格拉底的家却在第一层，既不安静也不安全卫生，而且还有人经常从楼上向下面倒脏水，随手乱扔死老鼠、臭袜子、破鞋等乱七八糟的垃圾。可是，苏格拉底依然还是保持着每天喜气洋洋的心态。那人又问苏格拉底："住在这样的环境，你还会感到愉快吗？"

苏格拉底淡然地说："一楼多好啊，开门就是家，朋友们来一次就能够找到，搬东西也特别便捷，还可以在外面的空地上养几丛花，种几亩菜，是多开心的事呀！"

又过了不长时间，苏格拉底的一位朋友家里住着一位偏瘫的老人，苏格拉底就把一楼的房子让给朋友，自己搬到了顶楼。那个人接着又问道："现在，我想请您说说住在七楼有哪些好处呢？"

苏格拉底微笑着说："每天爬上爬下是一种很好的锻炼，这有利于身体健康，而且这里的采光也好，有利于看书和写字，也没有人在头顶干扰，在白天和夜里都十分安静。"苏格拉底对那个人说："决定一个人心情的不是环境，而是心境。"

苏格拉底在这样恶劣的环境下依然能够保持积极的态度面对生活，每天都在欢乐中度过，然而在那个人看来，苏格拉底所处的环境实在是够糟糕的了，倘若换成是自己拥有同样的经历，想必一定会每天都变得气急败坏，抱怨不已，这就是幸运的人会一直幸运，而倒霉的人一直都会感到倒霉的原因。苏格拉底是想告诉人们：心境才是决定人们心情好坏的主要因素。

在我们所处的这个嘈杂的世界里，没有尽善尽美的人，也没有尽善尽美的环境。任何人都不可能是一帆风顺的，每天的生活都会经历不同的黑夜与黎明，倘若你不断沉浸在黑暗中，那么就永远找也不到光明，更有甚者仰望着满天的繁星或是皎洁的明月，不断地叹息生活的困苦，这样就不可能出现顽强的生命力去期待太阳升起，同时也就不会感受到生命的价值。

法国著名雕塑家奥古斯特·罗丹曾经说过："生活中不是缺少美，而是缺少发现美的眼睛。"他告诉人们，在艺术人的眼中，任何东西都会是美好的，因为锐利的慧眼能够注意到一切万物众生的核心，倘若能够发掘它们的品行，透过外在触及内在的"真"，那么，这个"真"就是"美"。我们也许不会像罗丹大师那样，把事情看得如此精明和透彻，但是道理是没有错误的，景色也都是美的，倘若你带着一双不去发现美的眼睛，那自然也就看不到美景。

　　一个年轻人曾听说一个地方有着异常迷人的景色，他便循迹找到了这个地方，碰到一位老者，年轻人便问他："这里的景色怎么样？"老者并没有直接回答他的问题，而是反问道："那你认为你的家乡景色是怎样的？"

　　年轻人回答说："非常糟糕，我很厌恶那里。"老者说："那你还是赶快走吧，这里和你的家乡一样的糟糕。"不久之后，另一个年轻人来到了这里，仍然问了同样的问题，老者依然还是反问年轻人，年轻人回答："我的家乡很漂亮，那里有我想念的家人，有我儿时的乐园，我喜爱那里的花花草草……"老者听后便说："这里和你的家乡一样美好。"周围的人都对老者的回答感到好奇，因为老者前后说法不一致。老者说："你在寻找什么，就能够找到什么。"

当人们总是在追寻美好的时候，那你的双眼看到的也都是美好，当你总是在追寻黑暗，那么黑暗就会一直笼罩着你。倘若你端正心态去面对事物，那么即便是在干枯、一望无边的沙漠中也同样能够看到美丽的风景。当你拥有良好的心态的时候，也一定会很快发现绿洲。同样都要走下去的路，为什么不选择快乐地走完呢？还是那句话：快乐也是一天，不快乐也是一天。既然这样，那还有什么理由要痛苦地去生活呢？收起你的满面愁云，用乐观的心态去品味生活，这样你就很容易和幸运相伴。

古时候，有一位老富翁在即将离开这个世界的时候，担心自己辛苦积累下的巨额财富不但不能给后代带来任何好处，反而还会害了自己的儿子。他向儿子讲述了自己白手起家的创业经历，希望儿子不要躺在父辈留下的财富上享清福或肆意浪费，而要靠自己的力量去拼搏，希望他能够努力创造出比父辈更了不起的事业。他让儿子进山去寻找一种叫"沉香"的宝物。

儿子深受感触，决定一个人进山去寻宝。他翻山越岭，历尽千辛万苦，最后在一片森林中发现了一种能散发着浓郁香味的树。把这种树放在水里能沉到水底，不会像其他的树那样浮在水面上。他认定自己找到了父亲所说的那个宝物，于是兴致勃勃地将砍下的香木运到市场上去卖，可是感兴趣之人却寥寥无几。他深感苦闷，抱怨世人没有慧眼，不识宝物。可当他看到邻近摊位上的木炭总是很快就能卖完时，他立刻就改变了自己的初衷，决定把这种香木也烧成木炭来卖，结果他的木炭也和其他的木炭一样很快被一抢而空，他十分高兴自己挣到了一笔钱，迫不及待地回家告诉老父亲。老父听了事情的经过，竟然老泪纵横。他告诉儿子，沉香木并不是普通的木材，普通木材是不能与之相提并论的。它的作用不能等同于木炭，只要切下一块磨成粉末，就远远超过了一整车木炭的价值了。

古往今来，有多少有志之士的美名远扬千里。他们经历过无数次的失败、波折，最终才成为人上人。他们之所以能够名垂青史，是因为他们的精神感天动地。天才是没有捷径可走的，就像成才没有技巧，要用汗水来浇灌是一个道理。奥斯特洛夫斯基在双目失明的时候，有三分之二的身体濒临瘫痪，即便是在这样的逆境下仍不丧失生的希望，继续和病魔做斗争，凭借着顽强的毅力和坚定的信念终于使他完成了著作《钢铁是怎样炼成的》。在环境恶劣的情况下，自身沦陷的逆境中，贝多芬发出对命运的怒吼："我要扼住命运的喉咙。"耳聋对于一个音乐家来说打击特别大，大部分人可能会选择放弃，可是贝多芬却不同，他依然坚持着他的音乐创作之路，誓死与音乐共存亡，不断地克服种种困难。在体验了人生的辛酸与残忍之后，他又以令世人另眼相看的演奏才华奏出了人生的乐曲——《生命交响曲》，成为人类历史上的音乐雄狮。"天将降大任于斯人也，必先苦其心志，劳其筋骨，饿其体肤，空乏其身，行拂乱其所为，所以动心忍性，曾益其所不能。"这是造就人才的客观条件。还有张海迪女士，胸部以下残疾的她不得不靠坐在轮椅上，但是她凭借着惊人的毅力和困难做斗争，学会了几个不同国家的语言，背诵了中国很多的辞典。这就是在逆境中生存下来的英雄，他们都使有限的生命绽放出了无限的光彩，同时也让自己的生命得到了延续。所以说，天才离不开挫折，因为挫折能够造就天才。在挫折中学会坚强，在逆境中学会用不同方式生活，要相信人生的意义并不是乏味的。有时候我们很难改变客观的生存环境，但是我们可以改变自己的态度。

第四节　在逆境中积累教训

让失败收获新的意义

失败本身并不可怕，可怕的是失败得没有价值，没有意义。虽然，一个人失败了，但倘若他能够总结出失败的教训，知道自己为什么失败，从失败中找出成功的方法，那么失败对他来说就是无上至宝，比成功的经验还要重要。世界发明大王爱迪生在试制电灯灯丝的过程中，曾经试验过几千种材料。有人曾说他失败了几千次，他却说："不是的，起码我知道几千种材料不能用作灯丝。"对于这样伟大的发明家来说，同样是一项试验，站在一种视角下可能就是失败，可站在另一种视角下就可能是成功。甚至还可以说，失败正是在为成功铺路。

可口可乐的发明就是源于一次失败的配方，X光的发明也是源于一次失败的试验，但这些失败的人最终都从失败中受益无穷，其最根本的原因就是他们在面对失败的时候，不停地寻根究底的提问。知道为什么失败，也就是找到了成功的方法。要想在失败中总结经验，首先必须有承认失败的勇气，坦诚面对和正视失败。一个人一旦有了敢于接受"返回到原状"的心态，继而也就有了善于积极进取的精神，那便离成功也就不会太远了。即使是一时的失败，也会有"东山再起"之日。

大名鼎鼎的前巨人集团总裁史玉柱，他曾在1993年犯下了战略性的错误，结果到1994年时，就已经造成了不可挽回的败局了。在最开始的时候，史玉柱一直没有正确地认识到自己所犯下的错误，更不愿意承认和正视自己的失败，试图通过融资、贷款把巨人大厦盖起来，以便救活原有的电脑、医药、房地产三大产业，结果却是越努力陷得越深，最后结果事与愿违，还倒欠了3亿元的债务。后来，史玉柱终于正视失败，从中吸取经验教训，从头再来，一切皆从零开始，并另起炉灶。结果，在短短的3年内就创造了年销售10亿元的脑白金的奇迹，远远超过了昔日的辉煌。在竞争日趋激烈和残酷的现代商业社会，创业者要想获得成功，就必须有承受失败的勇气，敢于正视失败，并从中找到成功的方法，否则是难以"笑到最后"的。

失败的过程也是一种财富。失败一次并不意味着一生的失败，多数人都是从反复的失败中走出来的，是从过去的泥淖里面爬出来的。失败的经历也是一种财富，每个阶段的人生经历也都是独一无二的，都会给我们带来或心酸或甜蜜的经历，但是无论过去曾经历过了什么，都要正视过去，尊重历史并且鼓起勇气面对未来，这才是我们活在当下的人要做的事情。

中华民族有着宽阔的胸襟，我们从小就被教育着要严于律己、宽以待人，从东方文化里，我们对于失败的认识往往是非常负面的，人们通常是无法接受失败的，所以多数人就开始仇视失败。而所有失败的人也都会被打上弱者、懦夫的标签。可是，这并不符合现在的普世逻辑、哲学，在世界各地，人们对于失败的经历会有着不同的看法，任何一项科学研究、自然探索乃至于社会科学研究成果都是不可能一蹴而就的。

　　很多诺贝尔获奖的项目都是经历过无数次的失败总结得来的成果。上天会眷顾那些勤奋的人和努力拼搏的人，我们不能因为一次两次的失败就否定了自己，也不要自暴自弃，要努力拼搏奋斗，从过去经历的失败中吸取教训，从失败的教训中不断积累改进的方法，努力让自己做到更好，不断地改进并加强自己。这样过去的失败才会成为未来成功的宝贵经历，也会成为未来发展的基石。不要过分地去在意过去失败的痛苦，应当鼓起勇气，抓住眼下的机会和未来的机遇，因为失败一次不代表一生都失败。想要获得成功，就要不断地努力，就要不畏惧失败，要勇敢地去尝试，并且通过自己的努力来实现长久以来的梦想。

不经历风雨如何见彩虹

　　失败，也是一种幸福。有位作家曾经说过："世界上没有不失败的人。事实上，失败也是一种幸福，一种特殊的幸福！"就像他所说的那样，我们每一个人都会失败，这是不可否认的事实。然而，失败却可以让我们从中吸取经验，俗话说："吃一堑，长一智！"没有吃到苦头，怎么会成功呢？人们都说年轻人娇气，经不起风吹和雨打，实际上并不是这样。在当今社会，有很多的事情在等着我们去冒险，去尝试。在尝试的过程中，失败就是不可避免的，我们将会在失败中吸取经验，越挫越勇，而我们终将走在了成功的道路上。倘若一个人一生都是顺顺利利的，那么一个小小的失败也可能会将他打击到体无完肤，因为他已经没有了对失败的抵抗能力。

　　不经历风雨，怎么能见彩虹？失败是在所难免的。失败了一次，意味着奔向成功就更近了一步，这何尝不是一种幸福？关键是，失败了，千万不要沉浸在自卑和痛苦之中，若是连信心都失去了，怎么能够反败为胜呢？所以，我们要在失败中反思自己，学会坚强，这样成功就会离我们越来越近，这何尝又不是一种幸福呢？

从失败中追寻幸福，失败让我们领略到了成功不能读懂的事情。这也就是说成功与失败共存。如果没有失败，又如何寻找成功？如果没有失败，又如何进行自我反思？如果没有失败，又如何以虚心求教？反之亦然，失败同时也是一种幸福。成功虽然幸福，但是如果没有失败又何来幸福？失败就像一面镜子能够检测你身上的缺点。失败也是一种幸福，能够从中吸取经验与教训。如果梦想没有被失败的浪潮无情地打击着，我们又怎么会懂得要多努力多拼搏才会走得更远。如果骄傲没被失败的浪潮无情地摧毁，又怎么会看到执着的人拥有隐形的翅膀？失败，亦是一种幸福。失败过，就会拥有幸福。

　　一个小男孩认为自己是世界上最不幸的小孩，因为罹患脊髓灰质炎而留下了瘸腿和参差不齐并且突出的牙齿。他很少和同学们做游戏或者玩耍，老师叫他回答问题的时候，他也总是一直低着头，一言不发。

　　那是在一个平常的春天里，小男孩的父亲向邻居家讨要了一些树苗，他想把这些数苗栽在自己的房前。他叫上他的孩子们，发给他们每人一棵树苗。父亲对孩子们说："谁栽的树苗长得最好，我就给谁买一件他最喜欢的礼物。"小男孩也想得到父亲的礼物。可是，当他看到兄妹们都蹦蹦跳跳提水浇树的身影的时候，突然就萌生出一种阴暗的想法：希望自己栽的那棵小树能够早点儿死去。所以，在浇过一两次水后，再也没去搭理它。

过了几天，当小男孩再去看他种的那棵树时，惊喜地发现它不但没有枯萎，反而还长出了几片新的叶子，和兄妹们种的树相比，显得更嫩绿，也更有生气。父亲兑现了他的许诺，给小男孩买了一件他最喜欢的礼物，并对他说，从他栽的树苗来看，他长大以后一定会成为一名优秀的植物学家。从那以后，小男孩慢慢地变得乐观向上起来。

有一天晚上，小男孩躺在床上辗转反侧地睡不着，看着窗外那皎洁明亮的月光，突然想起生物老师曾经说过的话："植物一般都在晚上生长，何不去看看自己种的那棵小树呢？"当他轻手轻脚地来到院子里时，却惊讶地看见父亲用勺子在向自己栽种的那棵树根下泼洒着什么。霎时间，他一切都明白了，原来父亲一直在偷偷地为自己栽种的那棵小树施肥！他立刻返回房间，任凭泪水肆意地流下。一晃几十年过去了，那个瘸腿的小男孩虽然没能成为一名植物学家，但他却成了美国历史上优秀的总统，他的名字叫富兰克林·罗斯福。

爱是生命中最佳的养料，哪怕只是一勺清水，也能让生命之树茁壮成长起来。也许那棵树成长得是那样的平凡、不起眼；也许那树是如此的瘦小，甚至还有些干枯，但只要是有爱的浇灌，那它就能长得郁郁葱葱，生长成参天大树。

第一手和第二手

伯牙的琴艺算得上是前无古人后无来者了。他曾经拜成连为师，经过三年的艰苦习艺，演奏技巧已经大大地提高了，可是仍不能淋漓尽致地抒发自己内心的情感和意念，一直无法达到琴艺的最高境界。

一天，成连带他来到了东海的蓬莱山，说有另外一位名师可以教授他更高的技艺，可是在成连离开后，这个人迟迟未出现。当伯牙一个人面对广阔无垠的大海、郁郁葱葱的山林、婉转的群鸟啼鸣，看到气势磅礴、千变万化的自然景象时，内心全部的感情瞬间被激发了出来。当感情通过指尖倾注在琴弦上时，渐渐地进入了琴人合一的状态，达到完全领悟的境界。这时躲在一旁的成连老师再次出现了，并且大大地赞美了他一番，原来大自然就是成连老师请来的名师，从此伯牙的琴艺名满天下。

人们已经习惯了靠着老师的教导或是借鉴前人的经验来成长，不是说不好，却是一种不足。传授而来的知识都只能算是第二手的知识，而不是第一手的，所谓师傅领进门修行在个人。刚开始由他人的教导或启蒙帮助我们进入知识的领域，但那却不是唯一的目的和途径，真正的成长和突破必须是来自个人最深的体会和领悟，这才是所谓的修行在个人。

别人的经验对我们来说常常会有隔靴搔痒之感，总是中间隔了一层，唯有自己突破才会有惊奇。靠填鸭式的教导只是增长了考试的技巧，却少了自我成长的机会。在亲身探索和突破的过程中，智慧的火花才会迸发出来，瓶颈才会得以挣脱和突破；只是凭借着依附别人的火炬前进的人，终有一天会因为迷失方向而丧失目标。他人的经验或许只是迈向成功的阶段，摘取成功的果实还是必须亲力亲为，所以尽管信书不如无书，人云亦云，只会让自己失去准则和主观的判断，只有获得第一手知识的经历，才会让自己更上一层楼，这也正是人类进步的根本原因。真正的成长和突破必须来自个人最深的体会和领悟，这才是真正的修行在个人。

人生总会出现不同阶段的失败，所以过程的精彩有时候远比实现目标来得重要。有一些人只看到了失败，没有看到过程中的奋斗。其实，曾经奋斗过，就是可喜可贺的事。冠军是只有一个，奖牌也是胜者的荣耀，但其他人那一身百折不挠的汗水以及那一股坚持不懈的毅力就是他们最好的奖励。事业成功者百里挑一，但另外99个失败者的价值也同样值得肯定。成功的结果和努力的过程都是极为珍贵的，只要下过功夫，就值得喝彩和纪念。

第五节　逆境是对生命的体验

逆境让我们的生命更有价值

人生总是充满了那么多的迷茫和痛苦。为了生存，很多人正在成功的路口彷徨、迷惑、徘徊着：我的出路到底在哪里？而有一些人在迷惑和矛盾中寻找到了出路；有一些人并不知道如何来解救自己，于是选择了一条绝境，放弃了人生，同时也放弃了生命。

人生充满了变数，充满了苦难。如何从中寻求解脱苦难的途径？有诗云："人生奔走万山中，踏尽崎岖路自通。"不要说险峰无通路，那些勇于攀登高峰的人总能第一个找到出路。命运之神也总是信赖勇士，生活强者把挫折当作财富，把困难当作动力，视拼搏为快乐的源泉，在他们的眼中没有上不去的山，也没有跨不过去的海洋。

生命是怒放的，我们每个人都能够找到属于自己的人生大舞台，只要不失去坚强和勇气。我们要学会把自己的缺点变成别人所不能打败的优势，一样能够收获好的结果。优势未必能够带来好运，把缺陷用对地方，也能变成优势。

米契尔曾给西点军校的学员做过多场演说，他的事迹激励了一代又一代的西点人。米契尔曾经是一个不幸的人，因为一次意外事故，他身上 65% 以上的皮肤都被烧坏了，为此他进行了多达 16 次的手术。手术后，他没有一点儿力气拿起叉子，无法拨打电话，也无法一个人上厕所，军人的尊严使他从不认为自己被挫折打败了。他说："我完全可以驾驶自己的人生之船，我同样也可以选择把目前的状况看成是倒退或是一个新的起点。"

6 个月很快就过去了，他又能开飞机了。米契尔为自己在科罗拉多州买了一幢维多利亚式的房子，另外置办了房地产、一架飞机和一家酒吧。后来，他和两个好朋友合资开了一家公司，专门生产以木材为燃料的炉子，这家公司就是后来的佛蒙特州第二大私人公司。米契尔开办公司后的第 4 年，他开的飞机在起飞时又摔回跑道上，他胸部的 12 条脊椎骨被压得粉碎，腰部以下永远瘫痪了！"我不解的是为何这些事总是发生在我的身上，我到底是造了什么孽，要遭到这样的报应？"

即便命运对米契尔是这样的不公正，但是米契尔仍然是不屈不挠，日夜勤奋练习，让自己能够达到最大限度的独立自主。

后来，米契尔被选为科罗拉多州孤峰顶镇的镇长，镇长的职责就是保护小镇的美景和环境，使之不因为矿产的开采而遭受破坏。米契尔在后来竞选国会议员时，他用一句"不只是另一张小白脸"的口号，将自己难看的脸转化成一项对自己起到正面宣传的有利资产。尽管面貌尽毁、行动不便，但米契尔仍然没有放弃人生的热情，很快他就坠入了爱河，而且完成了终身大事，也拿到了公共行政硕士，以继续他的飞行活动、环保运动及公共演说活动。

米契尔说："我瘫痪之前可能会做1万件事，但目前我只能做9000件，我同样可以把注意力放在我无法做完的1000件事上，或是把目光集中在我还能做的9000件事情上。同时告诉大家，我的人生曾遭受过两次重大的挫折，倘若能选择不把挫折拿来当成放弃奋斗的借口，那么或许你们还可以用一个全新的角度来看待一些一直让你们止步不前的人生经历。你可以选择退一步，想开一点儿，然后你就有机会说：或许那也没什么大不了的！"

这个世界上的每一个人都没有一帆风顺的人生；相同的是，要时刻与失败比邻而居。也许正因为这个世界上有太多无奈的失败，追求卓越才会变得魅力十足，让人争相追逐，甚至不惜以生命为代价。即便是这样，失败还是要来，我们的命运也依然如此。

每个人都厌恶失败，可是一旦躲避失败变成你做事的借口，你就有可能走上了怠惰无力之路。这非常可怕，甚至会变成灾难。因为这就预示着人可能要丧失原本可能成功的机会。当然，失败有它的危害，有些时候让人颓废、萎靡，丧失斗志和意志力，重要的是你把失败看作什么。天才发明家托马斯·爱迪生先生，在发明电灯时，一共做了一万多次实验，在他那里，失败就是成功的试验田。

战胜逆境，挣脱桎梏

　　从前，有个渔夫驾着一艘小船去参加朋友的婚宴。因为都是熟悉的好朋友，酒席十分热闹，大伙都喝了不少酒。在婚礼结束后，渔夫向新郎告别后，摇摇晃晃地走到停泊小船的河岸边。因为天色昏暗，他便摸着上船，仍很熟练而用力地摇桨。但划了老半天，一直未能抵达对岸，但划着划着，就在几分醉意下沉沉地入睡了。第二天一大早，他就被刺眼的阳光弄醒了，睁开惺忪的睡眼，乍看四周的景物，船仍然停泊在原来的岸边，根本就没移动过。当下便吓得惊呼而起，以为自己夜里撞见了鬼，立刻没命般地跳上岸，奔逃而去。出乎意料的是刚一上岸就被某个东西绊了一下，狠狠地摔了一跤，定神一看，原来是系在船上的缆绳，此时此刻绳结仍然是好端端地绑在码头的铁链上。

　　是什么成为你人生的枷锁，让你动弹不得，甚至是无法在人生的道路上前行半步？人生有许许多多无形的枷锁，稍不留意，它就会牢牢地套住我们的志气，桎梏我们的心灵。这些枷锁似乎在表面上都难以察觉，但却会让你整个人深陷其中而无法自拔，任何的想法意念、言行举止都被牵引住了。这是一股拉扯的力量，常常让人感到心有余而力不足，使得人生的航程严重受阻。更严重的是，这些枷锁通常都隐藏着巨大的杀伤力，逐渐腐蚀人的心灵、磨损人的志气，直到你意识到生活已经开始变得一团糟的时候，通常情况下还不知道原因出在哪里。

　　试想一下，你的生命中是否还藏着那些可怕的锁链？你是否有不好的"习惯"？譬如：贪吃、凌乱、散漫、迟到等恶习，这些都会产生偏差的惯性，在潜意识中带给人深层次的破坏力，让人失去应有的斗志和冲劲。你有不端正的"态度"吗？态度是表现外在的自我，思想反应在态度上，态度决定言行举止。骄傲、贪婪、诡诈、自私……这些都是败坏身心的不良态度，会严重影响心灵的圣洁与纯良。你有不正当的"价值观"吗？价值观是一个人的终极意义取向，我们都必须努力为自己建立崇高的态度和观念。金钱的豪夺、权力的占有都不应是一个人的最高价值观，而应是充满关怀的生活、坚定的信仰、永恒的盼望。这些崇高而充实的意念，才是值得我们一生去追求的人生价值观。

　　潜伏在内心的桎梏和绳结需要解开，这样我们才能获得真正的自由，才能勇往直前，迈向光明的旅途。只是"解铃还须系铃人"，既然那些绳索是曾经少不更事的自己经年累月给缠绑上去的，也只有持之以恒的耐心和实际行动才能解得开，而其他人也只能告诉你绳索的位置，唯有你自己才有能力逐一解决。当你了解到这些都是勒住你生命动力的障碍时，甚至是要以大刀阔斧的精神、义无反顾的态度来彻底挣脱斩断人生的桎梏。

　　那么，就从现在开始改掉自身的恶习吧！对待敌人的仁慈就是对自己的残忍，让这些影响你的恶习从此刻开始就从你的生命中消失。潜伏在内心的桎梏和绳结需要解开，也唯有这样我们才能获得真正的解放和自由，得以迈向光明之途，勇往直前排除万难。

第六节　在逆境中化茧成蝶

让逆境成为无穷动力

　　在人生的漫漫旅途中，并非都是一帆风顺的。往往要经历一些逆境、困难和挫折，它们有可能会让你感到痛苦和迷茫。那么，作为新时代的我们应该怎样对待生活中的逆境呢？让我们来看看素有当代"保尔"之称的张海迪是怎样面对人生中的挫折的。张海迪是一位高位截瘫的伟大女性，她自幼患有脊髓血管瘤，先后进行了四次大手术，她不仅要承受着病痛的折磨和死亡的威胁，同时还承受着巨大的精神压力。但她始终没有向命运屈服，而是选择在逆境中昂起了头。

　　古今中外，凡是大有作为的人，大都经历过人生的逆境。上至战国的屈原，西汉的司马迁；下至当代著名的数学家陈景润，"两弹一星"之父邓稼先，无一不是在逆境中崛起的。谁都有过软弱、消沉的时候。保尔曾经想到过自杀，就连鲁迅先生也曾经徘徊在生死的边缘。但是，他们最终还是选择了奋进的道路，在逆境中崛起，自强不息，凭借着坚强的意志战胜了软弱，抛掉了气馁，认真总结了经验教训，重新开始，终于取得了成功。巴尔扎克曾经说过："挫折对于弱者是一个万丈深渊；对于强者则是一个前进的阶石。生活中没有一个人会否定痛苦与忧愁的锻炼价值。"倘若一个人在逆境中沦陷了，那他无非是个庸才；但倘若他在挫折面前奋发图强了，那他就是生活的强者。

从某种意义上说，一帆风顺的生活对于一个人的成长和发展是极其不利的。郭沫若先生曾说过："一个人总要有些逆境的遭遇才好，不然是会不知不觉消沉下去的。"在人类历史上有成就的伟人和功臣，通常情况下都不是幸福之神眷顾的宠儿，他们的成功得益于他们发愤图强的行动和矢志不渝的坚定信念，"自古英雄多磨难"说的就是这个道理。所以说，只有战胜了前进道路上的挫折和困难，才会把痛苦转化为快乐。只有那些意志坚强、经得起生活考验的人，才是战胜挫折的勇士，才有可能进入成功的殿堂。

倘若你遇到逆境、挫折，请你一定要记住鲁迅的话："伟大的人心胸应该表现出这样的气概——用笑脸来迎接悲惨的厄运，用百倍的勇气来应付一切的不幸。"在这样不屈不挠的人面前，挫折给予了我们前进的动力；给予了我们面朝大海的希望；给予了我们在逆境中崛起的永恒信念。有一种失败叫作成功，不像历经无数挫折的企鹅只会无助地伫立在海边，翘首以盼地等待机会的来临，却像执着的雄鹰不顾风吹雨打，不停地在苍穹间翻飞盘旋，耐心地搜寻心中的猎物；有一种失败叫作成功，不像心甘情愿沦为失败奴隶的弱者，任凭命运的摆布，却像一位不惧怕任何困境的强者，仍是选择在荆棘中艰难前行，在失败中不断成长。

人生一世，总是免不了要与挫折、失败不期而遇。但正所谓"失败孕育成功"，即使失败了也没关系，因为失败后的态度和行动才是衡量一个人是否成功的关键因素。"善败者不亡"就是说要用正确的眼光来审视失败，用坚定不移的行动来扭转失败，这种失败就叫成功。

历史上越王勾践就是一位有名的"善败者"。他曾经兵败给吴国，在吴国受尽欺辱，吃尽苦头。可在他回国后，谨记那份耻辱，"十年生聚，十年教训"，他在卧薪尝胆的同时，也在总结失败的经验，吸取失败的教训。终于在适当的时机一鸣惊人。不仅大破吴国，一雪国耻，同时也让这种失败变为成功。大科学家爱迪生也是一位"善败者"，他曾说过："失败也是我所需要的，它和成功对我一样有价值。"他曾花费十年的时间，尝试过五万多次试验，才最终发明了蓄电池。也许就是因为十年光阴的磨炼，五万多次实验失败的洗礼以及五万多条失败经验的补充才让他最终发明了电灯。也正是他在无数次的失败中汲取经验教训，才造就了他在美国人心目中伟大人物的形象，也造就了他这段变失败为成功的佳话。

从失败中走向成功

雨果有句名言是："痛苦能够孕育灵魂和精神的力量，灾难是傲骨的乳娘，祸患则是人杰的乳汁。"在人的一生当中，总会有各种各样的不幸遭遇出现，在这个世界上，没有谁是一帆风顺的。其实，我们遇到的困难都是暂时的，只要将这些困难折叠成梯就能登临辉煌的顶峰。俗话说："宝剑锋从磨砺出，梅花香自苦寒来。"这也就揭示了苦难是人生走向成功的必然条件，而在逆境中绽放生命的璀璨更是可歌可泣的。逆境，是每个人的人生中都要跋涉穿越的一片沼泽洼地。历史上曾有多少英雄豪杰在逆境中翻身落马，又有多少平民百姓走出这片泥泞的沼泽，找到了属于自己的人生绿洲，从此成为英雄豪杰。逆境，是世界上唯一没有围墙的大学，它是世界上最优秀、最杰出的教授，能让你感悟人生的真谛。逆境，是波涛汹涌、风光旖旎的大海，驱使无数的探险者渴望征服它；逆境，是弱者的地狱，强者的天堂！

20世纪，一个坚强的生命个体以其永不放弃的方式震撼了世界，她就是海伦·凯勒。海伦·凯勒在幼年的时候因病丧失了听力和视力，最后也不能张口说话了。从此，她便坠入了一个黑暗而消沉的世界，陷入了痛苦的深渊。在莎莉文老师耐心的帮助下，她凭借着顽强的毅力，掌握了英、法、德等五国语言，并最终完成了她的一系列著作，成为首位毕业于高等院校的聋盲人，成为举世敬仰的作家和教育家。

我国著名数学家华罗庚，因为家境贫寒，从小就代替父亲担负起照顾全家人的生活重任。在他18岁那年，因为伤寒病造成左腿伤残，经常疼痛得钻心，但他始终坚持一边打工一边抽空看书，把全部的心思都放在数学王国的海洋里，劈波斩浪，把身躯的疼痛、生活的艰辛统统都抛在了脑后。

苏格拉底说过："患难与困苦是磨炼人生的最高学府。"逆境是一所最好的大学，他让许许多多的名人、伟人都在这所大学里磨炼成才，最终取得辉煌成就。

马克思说过："人要学会走路，也要学会摔跤。而且只有经过摔跤，才能学会走路。"现在对有些人来讲，许多人都还没有学会走路，挑战可能还是一件令人头疼的负担。在我们现在看来，挑战是一个长期的并有深远影响的威胁，并随时都有超出自己控制范围之外的可能性。每一个人的明天都是充满希望的，无论我们现如今陷入怎样的逆境，都不应该放弃希望，因为今天过后还有许多个明天。乐观的人，总是能在绝望中仍然满怀希望；而悲观的人，即便是在希望中仍是满怀绝望。纵观我们现在的生活现状，其实很多现实情况就是这样，当你成功的时候，就要时刻准备着将要面对失败的危机；当你再次失败的时候，也要时刻持有即将成功的希望。同样是面对相同的处境，却拥有不一样的心情，这主要是在于我们是以怎样的心境面对成功和失败的。

英国物理学家威廉·汤姆逊曾说过："我坚持奋斗55年，致力于科学的发展，用一个词可以道出我最艰辛的工作特点，这个词就是失败。"其实，这种奋斗中的失败正是一切成功人士登上顶峰的阶梯，所以，我们应当正确地看待失败和成功。在面对失败时不要悲观，不要气馁，一切都可以重新开始，找到正确的方法，为取得更大的成功而坚持不懈地努力奋斗。当我们面对成功的时候，也不要骄傲自满，忘乎所以，要不断总结成功的经验，去迎接下一个全新的挑战。失败是成功之母，要想取得成功，首先必须学会面对失败。只有坚持不懈地敲门，成功之门才会有打开的一天。失败往往是成功的前奏，只要我们以平常心坦然地面对失败，总有一天会和成功握手。其实人生最大的失败不是不成功，而是屈服于失败，在失败面前抬不起头来。

第 2 章

奋斗中勇往直前，坚守中期望幸福

每一个人都有追求幸福的权利，因为那是生活的理想境界。我们日常生活中所做的一切努力，皆是为了最终的幸福。只有这样，我们的生活才更有劲头。我们都应该试着坚持一些信念，在它们消失殆尽之前。也许这些美好的夙愿可能最终也无法实现，也许这些执着的信念可能无法让我们活得更有意义，但倘若没有信念的支撑，我们又凭借什么走过生命中的茫茫暗夜呢？

第一节　幸福只为勇者而守望

勇敢奔走在追寻幸福的路上

生活中的我们，似乎已经习惯了中规中矩，习惯了凡事都先说"那不可能"，习惯了生活中没有奇迹，习惯了一切平庸的行为，习惯了自己的习惯。就像电影《飞越疯人院》中麦克默菲说的那样："不试试，怎么知道呢？"很多情况下，我们都应该试着坚持一些信念，在它们消失殆尽之前，也许这些美好的凤愿可能最终也无法实现，也许这些执着的信念可能无法让我们活得更有意义，但倘若没有信念的支撑，我们又凭借什么走过生命中的茫茫暗夜呢？

古希腊哲学家苏格拉底曾说过："认识你自己。"罗马皇帝、哲学家奥里欧斯曾说过："做你自己。"莎士比亚也曾说过："做真实的你。"我们相信这些名言将和伟人的精神一样永垂不朽。我们每一个人都应该每天想一次"你到底是谁"，因为在无数的人生命题中，最难回答的问题就是"我究竟是谁"。一个人倘若能意识到自己是个什么样的人，那么他很快就会知道自己应该成为什么样的人。在思想上意识到了自己的重要性，那么过不了多久，在现实生活中他也会渐渐地感觉到自己的重要性。

伟人通常都拥有认知自己的能力。比如恺撒，他就能充分认识到自己的能力。有一次，轮船在海上航行时遭遇了暴风雨，船长非常担心，可恺撒却说："担心什么？你现在是和恺撒在一起。你应该认识到这一点。"命运似乎为我们每一个人在社会上都预定好了位置，在到达这个位置之前，它总是要让我们充分地、正确地认识自己，寻找到通往人生位置的最佳路线。正是因为有这样的过程，所以那些雄心勃勃的人总是在认识自己的基础上，继续寻找奔向目标的动力。一个人能够认识自己，预示着他的将来有可能大有作为。一个人认识自己是从相信自己开始的，对一个人来说，最重要的是他认识并相信自己的能力，倘若能够做到这一点，那么他很快就会拥有勇往直前的巨大能量。

英国历史学家弗劳德曾说过："一棵树如果要结出果实，必须先在土壤里扎下根。同样，一个人也需要学会认识自己，学会依靠自己，学会尊重自己，不接受他人的施舍，不等待命运的馈赠。只有在这样的基础上，才可能做出成就。"我们每一个人都应该培养认识自己的能力，让自己超越局限，打破束缚，从而尽到最大的努力，按照计划到达成功的目标。

在美国加州大学的一次法庭辩论上，作为辩护律师的库兰说："我研究过我收藏的所有法学著作，都找不到一个像这样的案例——在对方律师反对的情况下，还可以预先确定某项条件，这样的事情从未发生过。"

"先生，你可能还不能认识到自己的能力。"主审的罗宾逊法官打断了他的话。这位法官是因为曾经写过几本小册子才得到现在的职位的，但是那些书写得实在是不敢恭维，粗俗不堪，糟糕透顶。他接着说，"我怀疑你的知识储备藏书量不够，所以导致你对自己的认识有限。"

"没错，先生，我虽然并不富裕，但是我比任何一个人都能够充分地认识自己，"年轻的律师十分淡定，他直视着法官的眼睛接着说道，"因为经济条件有限，限制了我购书的数量。虽然我的书不多，但那都是经过精心挑选的，而且都是仔细阅读过的。我阅读了为数不多的精品著作，而不是浪费时间去写一大堆毫无价值的作品，凭借着糟糕的理论知识才进入这一崇高的职业领域的。我并不为我的贫穷而感到羞耻，相反，倘若我的财富是因为我奴颜谄媚或是用不正当手段夺取的，那才会让我感到真正的羞耻和惭愧。我或许不能马上就拥有显赫的地位，但是我至少保证了人格上的正直和诚实。如果我放弃正直和诚实去追求名利、地位，那么眼前就有很多的事例告诉我，这么做可能会让我暂时得到所需要的东西，但是在人们的眼里，我的人生从此只会显得更加渺小，所以我非常清楚地认识自己，非常清楚自己是一个什么样的人。"从此以后，罗宾逊再也不敢嘲笑这位年轻的律师了。

　　在场的每一个人都不禁赞叹道："这是一个能够认识自己并且知道自己是怎样的一个人的年轻律师。"

了解你自己，对自己负责

　　实际上，认识自己就是充分地了解自己，对自己负责。抽象一点儿来解释，就是对"自我心像"有一个全面透彻的掌握和了解，从而避免人生的盲目。所以，认识自己就是为了克服人生的盲点。美国哈佛大学著名成功学家皮鲁克斯说："在人的表面之下，还有一个自我心像的存在。这个抽象的自我心像，它是你心灵的真面目，规划着你的生活。它与你的心灵连为一体，使你无法逃离。不管你是否了解，这对双胞胎始终控制了你的生命，你的一切作为都得听从它的命令。自我心像就是我们内心的陌生人。它是心灵的跳动，内心的时钟，能否剔除快乐或哀伤的时光，全看自己是否了解它。假如你想利用往日成功的优点，你必须将信心、勇气和自信运用于目前的工作，这样才能改变或增进你的自我心像，内心的陌生人才会变成你最好的朋友，并且鼓励你迈向尊贵与充实之路。"所以说"自我心像"是你认识自己的起点。要牢记一点，就是要用心来支配你的行动和意识，而不是让过多的不切实际的欲望主宰你的心灵。只要保持你内心具有的创造力，你就能从有限的生命中获得更充实的生命。就像拿破仑说的一样："除了自己，没有人能够伤害我。"

　　林肯任总统时，他的顾问想要推荐一位内阁人员。林肯不同意，当顾问追问原因时，林肯说："我不喜欢这个人的面孔。"顾问对他说："但是这个可怜的家伙是不必为他的面孔负责的。"林肯答道："每个人年过四十之后，就该为他的面孔负责。这个人面孔上透露出不负责的样子，所以他缺乏认清自己并对自己负责的精神。"于是事情只好作罢。

分析专家认为：林肯的意思只是说，每个人都应该认识自己，例如四十年的岁月应该在人的面孔上铭刻下许多痕迹——快乐、忧愁、为生存而作的奋斗、错误、悲痛，或因寂寞与失望而生的感受以及解决问题的决心。由于种种情绪上和精神上的起伏，人们得以变得更明智，更温和，更富同情心。他们能了解自己和他人的需要。他们能表达仁慈与同情，愿意消除怨恨、仇恨、固执，能够对抗无常与孤独。

在这种情况下，找到了伟大的自我，脸上留下皱纹又有什么关系？

况且皱纹并不长在心灵的面孔上。莎士比亚曾说："对自己绝对要真实，如此你就可以永远对自己负责，并认识自己。"

美国哈佛大学著名行为策划学家皮鲁克斯曾在《认识自己与自信塑造》一文中这样写道："认识自己，依靠自己，相信自己。这是独立个性的一种重要成分，所有的伟大人物，所有那些在世界历史上留下名声的伟人，都因为这个共同的特征而同属于一个家族。这个家族就是正确认识、依靠、相信自己的观念世界。一句话，认识自己的人必须有自信与自尊，才能够让我们感觉到自己的能力，其作用是其他任何东西都无法替代的。而那些软弱无力、犹豫不决、凡事总是指望别人的人，正如莎士比亚所说，他们体会不到也永远不能体会到，自立者身上焕发出的那种荣光，因为认识自己的目的就是自信和自立。"不论将来如何变化，认识你自己将成为你活着的第一个人生课题。许多人之所以不能正确地认识自己，关键是不理解这个问题。

不论怎样，我们认为，一个人了解自己、清楚自己是怎样的人，是认识自己不可或缺的内容。如果你缺乏对自己真实的要求，那么就不可能真正地认识你自己。每一个人都有追求幸福的权利，因为那是生活的理想境界。我们日常生活中所做的一切努力，皆是为了最终的幸福。只有这样，我们的生活才更有劲头。

第二节　阳光下的坚守

坚守是一种信念，因为坚守也是一种幸福。斯大林曾说过："伟大的毅力只为伟大的目的而产生。"

坚守幸福　成就风景

一个人的坚守，可以实现一个人的目标；一个群体的坚守，可以促成一个群体的事业；一个民族的坚守，可以实现一个民族的梦想。这就是坚守的力量，更是坚守的理想结果。

一个人在他 48 年的生命里程中，把 20 多年生命中最美好的时光都奉献给了祖国的南沙，孤岛守礁，至诚无悔。在他的身上，展现了共产党人坚守的价值和坚守的幸福。这个人就是获得"2012 年度感动中国人物"的李文波。李文波是南沙守备部队气象分队的工程师，也是第一批奔赴南沙群岛工作的地方大学生干部，更是迄今为止在南沙坚守守礁岗位累计时间最长的战士。1985 年 7 月，李文波大学毕业后就直接参军入伍，3 年后就奔赴南沙守礁，这一守，就是 20 多年。

在沧海孤礁中坚守了 20 多年，这是一般人难以忍受的，更何况那里天气非常炎热，湿气又重，缺少淡水和蔬菜，物质条件实在是艰苦得可怕。这些还不算是最可怕的，更可怕的是精神上的寂寞。炎热、疾病和寂寞并没有把李文波击倒，他想到让自己成为祖国南沙的一双眼睛，这始终是他坚守南沙的信念。在 20 多年的光景里，他前后共执行 29 次守礁任务，累计守礁时间长达 97 个月，累计向联合国教科文组织和军内外提供水文气象数据 140 多万组。他创造了国内守礁次数最多、时间最长、成绩最好的纪录，并受到了联合国教科文组织的赞誉。有人曾这样问过李文波："你拼着命在南沙守礁，到底值不值？"他回答说："南沙守礁是我一生中最大的荣耀，即便下辈子要坐在轮椅上，也没什么可后悔的。"正是这种对事业鞠躬尽瘁、死而后已的坚守和信念，让他时时刻刻感到"肩上的责任比天大"。

坚守是一种幸福，坚守更是一种无私。

日复一日，年复一年地面对沧海寂寥，把人生的悲欢离合都置之度外，李文波感觉到愧对于自己的父母和妻子。新婚第五天，李文波就执意要回到南沙，上礁后便和妻子失去了联络。新婚燕尔，这正是一个人一生中最温馨、最甜蜜、最幸福的时刻，可是李文波却毅然选择放弃了这种幸福，这是何等的无私。

屠格涅夫曾说过："没有祖国，就没有幸福。"李文波南沙守礁，就是要坚守护祖国的安宁和幸福。这种坚守的幸福，是无私的奉献，更是纯粹的幸福。

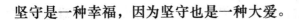

坚守是一种幸福，因为坚守也是一种大爱。

在20多年守礁的时间里，李文波虽然没有父母之爱、妻儿之爱，但他却把一个共产党人的热血和牺牲精神献给了祖国之爱、理想之爱和忠诚之爱。孩子两岁多那年患上了严重的痢疾，生命几度垂危，李文波这时也是心有余而力不足，为了坚守自己的岗位不能立刻回到孩子身边。他从南沙第一次探亲回家，才得知自己的母亲已经卧病在床3年之久。直到母亲病危，他陪伴母亲的身边也不过短短10天而已。那时，他跪别了奄奄一息的母亲，带着无限的亏欠和满面的泪水回到了部队。

泰戈尔曾说过："人的永恒的幸福不在于得到任何东西，而在于献身比自身更伟大的事业。"

持之以恒的幸福来源于"咬定青山"不放松的坚守。实现"中国梦"是中华民族最伟大的追求，实现中国人民最大的幸福，它需要无数像李文波式的坚守、奉献和牺牲。历史和现实告诫我们：只要我们坚守住自己的道路不动摇，坚守住自己的理论不动摇，"中国梦"就一定会实现，我们的人民也就一定会越来越幸福。

执着目标　勇往直前

在不同的人生阶段，就有不同的标准和目标。人们为了追求心中的目标，不断地朝着这个方向努力。现在的我们对幸福的理解仅仅是能否愉快地工作，在工作中是否能够享受生活和成功的快乐。每当我们完成公司布置的任务的时候，每当我们解决了工作中的一件件难题的时候，每当我们完成了一件件看似不可能完成的任务的时候，总会有一种幸福感萦绕在心头。幸福是什么？也许是偶然间听到老朋友的消息，知道他们过得还好，没有再被其他琐事缠身，有段甜美的爱情，当沉淀过后只剩下想关心你、惦记你的亲情的时候，那时发现我们本身真的改变了，不再像以前那样自以为是和任性骄蛮了，也开始在自己的生活里寻找幸福，守望幸福，坚守着心中的那份执念……

正因为有像他们一样孤军奋战的战士，我们才能够享受到此时此刻的幸福。因为这一份坚贞的顾盼，因为这些先于我们登上人类历史顶端的璀璨流星，人类的历史才不单调，才能够让光明穿过阻碍，到达新的时代。

在冬日守望春天，在夜空里守望黎明，在困惑中守望光明，在逆境中守望奋进。总会有一种期待在不远的前方，如星辰般耀眼，高高挂在头顶之上。不要抱怨它的高远和遥不可及，因为启明星就在那里，不论你前进或者是后退，你的人生就摆在那里；不论你抱怨或者是退缩，你的命运就掌握在自己的手心里。总会有一种期待，可以让我不会停止前进的脚步；总有一种期待，可以让我透过迷雾看到幸福的未来。因为拥有了期待，我们才会积极向上，才不会在犹豫徘徊、失意怅然的路上，在漫长的岁月里自怨自艾。总会有一种期待，在漫漫的长夜里，让你停下匆忙的脚步静静思考，仰望星空。在璀璨华丽的灯光下，在迷失心灵的左冲右突下，依然不会放下期待。就像俞敏洪说的，对于大多数的人生而言，我们人就像一棵小草。小草之所以会被踩在脚下，任人践踏，是因为人们无法注意到它。而竹子也是草的一种，但它却选择了向上攀登，最后可以直冲云霄，是因为选择了向上的力量。拥有期待就是对未来充满希望，心若在，梦就在。

在忙碌的节奏，就业压力大的环境下，让我们曾经的意气风发、豪气壮志在历经职场的各种洗礼后，磨平了棱角，圆滑了性格，但是我们仍然在困苦中学会了忍受，选择了坚强，咬着牙埋头向前走去。总会有一种期待指引着你前进的步伐，当我们完成了一个小小的期待后，生命就会因此多出一分绚丽。

某大学，即将毕业的一群学生开了最后一次班会。凝视着大家愁眉苦脸的样子，班长提议让大家说说自己的愿望。大家都觉得没意思，班长却说："在美国的一个小镇，圣诞节时，父亲对着三个孩子说，我可以实现你们许下的一个愿望。大儿子说，'我想成为军人'。二儿子说，'我想成为明星'。最小的孩子说：'爸爸，我想要一个娃娃，这个你是可以帮我实现的。'"

期待没有大小之分，一步一步地去实现它，当你回首往事的时候，你会发现自己已经走了很远。内心有期待，你才知道自己到底该往哪里走，去向何方。人的一生，会有许许多多的期待，在我们拥有众多期许的同时，最重要的是付之行动。想做就去做吧，这样期待才会有机会开花结果。人生是一场漫长的旅程，在期待中，我们勇敢前行，用生命记录回忆，我们的人生就应该在期待与付出中度过。

第三节　人生的守望台

守望成就美满人生

有的人这样说过："守望就像是一杯独酌的美酒，盈盈涟漪里荡漾着历史的孤独。"

范仲淹，屡不得志，在默默的等待中守望着当初的执着。北宋朝政的腐败不堪，六十余年的心酸旅程，记录下了历史的丰碑，曾经的彷徨，曾经的无奈，曾经的悲愤，十年寒窗苦读时的雄心壮志，初入仕途时的豪气冲天，但弥漫着"零落成泥碾作尘，只有香如故"的肃杀深冬里，在"一封朝奏九重天"的悲悯中，毅然决然地迈向了戈壁大漠、连绵萧索的群山，孤寂沧桑间隽淌着"浊酒一杯家万里，燕然未勒归无计"的沉思。袅袅白烟，漫漫白霜，夕阳西下，凄惨萦怀，形单影只的一座孤城，吟唱着"人不寐，将军白发征夫泪"的萧瑟，孤独的年轮在沙漠里一圈又一圈地碾过，苍茫的戈壁也掩盖不了昔日的雄姿英发，在执着的守望中，奏响了时代的最强音——"先天下之忧而忧，后天下之乐而乐！"

有的人这样说过："守望是一首永恒的旋律，余音绕梁间萦扣着文化的不朽，大观园里的悲欢离合，桃园中的三结之义，西天取经路上的纷纷纠葛，义聚一堂的豪情壮志，他们的光芒如同夏日的流星，短暂而炫丽。"美好的皆是短暂的，都是因为他们心中的那份守望，那份坚持，让历史记住了他们，让世界也记住了他们。

有的人这样说过："守望是一首短小而精悍的唐诗，字句间都晕染着释迦牟尼的佛韵。"朱自清，这位艺术领袖，在尘世的喧闹中，坚守着心中的一方净土，他的散文犹如他的人生一般，在清爽之中蕴含着大气，在宁静之中彰显着激越，在冷峻之中保留着温煦，在流动之中体现着凝注。他继承了华夏五千年来的广博的智慧与胸怀，轻轻一挥衣袖，便承载着凌云的壮志，巧妙地幻化成为柔美月光下守望的隽永与人性的温情。

有的人这样说过："守望是一碗沁人心脾的凉茶，源于山野田间，自由生长，无所奢求，在淡泊的季节里就成了一种饮品。"在经过采摘、揉搓、杀青、烘烤、过滤、筛选、包装等一系列的程序过后，同样的茶，便有了截然不同的命运。茶叶和沸水相融，便孕育了不同的味道形态，各自展示着自己独特的芳香。不论要经过怎样繁复、动荡的过程，它们的本质大都不会因此而改变。

在一个轮回过后，最终都回归于生命的本真和淡然了。小小的叶子翻转起伏在沸水之中，舒展着各自枯竭的思绪，释放着原本清苦的情怀。它们是无愧于心的智者，戒除浮躁的思者。淡淡的一缕清香，柔柔的一丝心境，暖暖的一份真情。那份幽香，都在默默地品味之中，展现了人生的真谛。人生皆有困难和遗憾。当我们遭遇苦难时，亦如喝下一杯苦茶，再苦的一杯茶，最后也会变成一杯无色无味的水。往事悠悠，终成过去。再回首，过往的苦涩已经变成了今日的财富。没有一杯茶永远是苦涩的，也没有一种困难永远是痛彻心扉的，只是在旖旎的岁月里永存的那一份的淡然。在岁月的长河中，得与失、爱与恨、暖与冷、成与败都是在相互更迭，一切都不必大声惊呼。茶水总是浓浓淡淡，人生总是起起伏伏，一切都是那样的水到渠成般自然，一切都是那样的按部就班。

随着时间的流逝，一切都回归于平淡。历尽沧桑的岁月，便洗尽生命的铅华，浸润成返朴归真的花朵。

因为守望，人生才有不朽；因为守望，人生才有永恒；因为守望，人生才有传奇。历史的链条在人们孤军奋战中被推动着向前。不论历史终究如何发展、时代如何变迁，但是修身立德、追求信念始终是修身为人亘古不变的精神追求。

信仰点亮引领人生的心灵灯塔

信仰是一种崇高的精神，它代表着责任和付出。但在某些人看来，在今天这样一个价值多元化的时代里谈理想、谈信仰似乎都不是很合时宜，多数人认为谈信仰就是官话套话，没有实际意义。但是，倘若没有了信仰也就没有了目标，没有了追求，思想就会堕落，人格就会扭曲，人生也就会失去航标的指引。由于现实与理想之间存在着一定的差距，还是要经历非常漫长的时间，用我们奋斗的动力和追求的目标去缩短它们的距离。

人活一世，不能没有信仰，特别是在这样一个物欲横流、金钱至上的时代，不然必将会被社会发展的大潮所吞噬。信仰，它是一种精神，也是每一个人的精神寄托。信仰，是梦想的升华，是催人奋进的动力，是梦想与行动、坚持与忍耐等多重的结合体。文珠法师说过："古今中外，一切英雄豪杰，能够面对现实，克制困难，完成人生责任，固然依赖信仰的力量。"所以说，信仰能变愚昧为智慧，变迷惑为清醒，甚至明心见性，成圣成贤，亦全依靠坚固不移的信心。所以古人说：信仰就是力量。

哲学家基尔凯郭尔认为：人生有三个状态、三个阶段，一是审美阶段，获得人生感官的需求，而仅此则摆脱不了声色犬马、纸醉金迷的堕落；二是道德阶段，体验善恶、苦乐，追求善良、正直、节制的生活，仅此只是个"好人"，因而仍会陷入困惑、彷徨之中；三是信仰阶段，有了信仰，人会超脱世俗的、物质的束缚，利他助人，达到完美境界。生活在优越环境下的我们作为社会主义接班人，一定要树立崇高的信仰，为信仰而努力奋斗、顽强拼搏，只有这样，我们才不会被历史的浪潮所淹没，才会有抵达喜悦彼岸的一天。

理想信念是建立起我们每一个人的精神大厦的支柱。理想信念是人生航行的桅杆和风帆，既然已经决定了远航的方向，就要做好破浪前行、提供源源不断的强大动力的准备。就像作家列夫·托尔斯泰所说的："理想是指路明星。没有理想就没有坚定的方向，就没有生活。"只有用纯洁的理想信念来坚守才会拥有宁静的精神家园，才能为超越自我而凝聚强大的精神力量。理想信念是思想和行动的总开关、总闸门，理想的滑坡是最致命的滑坡，信念的动摇是最危险的动摇。

理想是人们在实践活动中形成的具有实现可能性的对未来的向往和追求，是人们的世界观、人生观和价值观在奋斗目标上的集中展现。理想是指路的明灯，没有理想，就没有坚定的方向；没有方向也就没有完美的生活。理想代表着未来，代表着人类对自己未来的规划和设想。所以，对每一个人来说，没有理想是一种悲哀。积极的理想和坚定的信念，可以给予我们前进的动力，让我们在人生的旅途中不再感到孤独。可是，很多时候我们的理想还需要有卧薪尝胆的勇气和百折不挠的毅力。就像那天空中绚丽的彩虹，只有在经历过雷电激战之后才会出现。同样，理想的实现也需要经历风雨，跨越泥泞。理想和信念是相辅相成、缺一不可的。倘若把理想比作人生成功的彼岸，那么信念就是一把前进的桨。人生的风帆要想远航，就要有正确的方向和一支永不停歇、永远前进的桨。

守望梦想，需要有足够的自信。"滚滚长江东逝水，浪花淘尽英雄。"曹操年迈仍壮志犹在，依旧喊出"老骥伏枥，志在千里，烈士暮年，壮心不已"的千古豪言壮语；林则徐在消灭鸦片面前，义不容辞道："苟利国家生死以，岂因祸福避趋之？"他们不再等待，早已携带自信踏上人生征程。让你的双手也快去摇响守望的风铃，带着自信一同启程吧！

守望梦想，需要有追求的信念。左丘明失明后著有《左传》；司马迁虽遭宫刑仍写下史家之绝唱；谭嗣同面对屠刀高仍高呼着："我自横刀向天笑，去留肝胆两昆仑。快哉！快哉！"……他们以强大的毅力摇响了守望的风铃，带着追求奋然上路。

守望梦想，需要有想象力。如果没有莱特兄弟的想象力，就没有今天的我们飞上蓝天；如果没有爱迪生的想象力，就没有今天我们的灿烂夜晚；如果没有蔡伦的想象力，就没有今天承载我们笔下美丽的文章。由此可见，想象力是人类进步的阶梯，是成功的垫脚石。为了明天的成功，我们的双手需要去摇响守望的风铃，带着想象力一同出发。不要再盲目地等待，带上你们的自信、你们的追求和你们的想象力，走进守望的大门，一步一步地走向那光辉灿烂的成功顶峰！

第四节　守望的天使

守望属于另一种方式的等待。等待和守望之间的区别可能在于，等待是渴望能够得到，守望却是害怕失去拥有的。有人曾说过，失去远比得不到更加的残忍。所以，守望者要比等待者付出更多艰辛的努力和毅力。但是，我们总以为守望者是幸福的，就像一个拿着巨额现金的人固然要为提防被人偷走而劳心劳力，却还是要比简简单单而不必设防的人更易为人所喜悦。只要是值得，就不要选择去后悔。也许在某些人眼中，会像泥潭一样避而远之，但对另一些人来说可能正是他们苦苦追寻的世外桃源。所以，很多人心中的麦田，虽然都充满了寂寞、淡然或者是深深的哀愁，但因为他执着的守望而不会变得荒芜。

守望心中的那片绿色

曾经有那么一座山峰，山秃水枯，在人们的记忆中除了荒芜就是贫瘠。曾经有这么一位老人，脚上穿着胶鞋，肩上扛着锄头，一步一镐地丈量完了整座山峰，在他挥汗如雨的地方，树苗都会茁壮地成长。春去春又来，花开花又落，那些树苗全都长成了绿色的海洋。于是，人们记住了这位老人的名字——杨善洲，这三个字像刚劲有力的隶书一样镌刻在每个人的心中。

杨善洲坚守岗位几十年如一日，穷尽一生只为书写"为民情"！他用一个普通百姓的步伐走过了60多个春秋，守望着那片心中美好的绿色家园，这是他一生牺牲小我的真实写照。大山绿了，大山笑了！这是一种兑现的承诺、坚守的信念、穷尽一生为人民谋福利的精神，是守望地球家园的天使。杨善洲培植了千千万万棵树苗，为当地的父老乡亲创造了一个绿色的家园。他，是我们的骄傲；他，是我们的楷模。

而对我们来说，守望心中"那片绿"的那份执着，就是我们一生为

之奋斗的目标，是我们魂牵梦绕的精神家园。守望人生是我们永恒的信仰，也是对理想的追求；是平凡中的细节，也是辉煌的人生；是"竹杖芒鞋轻胜马"的淡定从容，更是"惊涛拍岸，卷起千堆雪"的回肠荡气。物质上的我们虽然是清贫的，但是精神上我们却是那么富有；虽然岗位上的我们是平凡的，但是事业上的我们却能托起明天的太阳。我们愿以满腔的热血，种下人间灿烂如锦的花朵；我们愿以赤诚的丹心，换取祖国成荫成林的栋梁之材。在自己的工作岗位上坚守那片属于自己"生命的绿色"。

人们常说生命如舟，载不动太多的虚荣和欲望，要想让生命之舟在抵达理想的彼岸的航行中不中途搁浅，就要轻装上阵，放弃沉重的"黄金"和"玉石"。的确，在这个诱惑与精彩并存的年代，我们更加应该学会放弃名利与浮华，用纯真的心去感悟生活，感悟生命。生活的艺术是平衡得失的艺术，放弃了过多的占有欲望，放弃了过分的奢靡享受的生活情调，我们就会得到更多的幸福、快乐和坦然。

如果你是一个富有的人，想把快乐的宫殿建造在穷人痛苦的领地上，但是你最后放弃了这个念头，当那片土地上种满稻谷和鲜花的时候，你就会因为自己的慈悲而意外地收获芬芳；如果你是罪恶的仆人，一向逆来顺受却不知痛痒，只要你鼓起勇气选择离去，那么在不久之后你会遇到一个叫尊严的好心人；如果你是一只在寒风中觅食的小鸟，猛然间发现了张开的鸟笼中美味的谷子，若是禁不住诱惑，不顾一切地在享受其中，也只会在失去生命与自由的那一刻，才意识到追逐希望的美好，这时也是徒增烦恼；如果你是树梢上一片翠绿丰盈的叶子，当一只蝴蝶飞过时，通常情况下我们会羡慕它的美丽，为了虚荣我们选择挣脱了大树，在那一刻，我们兴奋地翩翩起舞，陶醉其中，却在不知不觉中逝去了颜色，坠入了泥土，殊不知我们已经失去了我们曾经拥有的幸福感。所以说，人的生命只有一次，人的生活也只有一世，把握生命也就是把握我们自己，适时果断地选择放弃，从另一个方向也就是选择了截然不同的人生道路。

《麦田里的守望者》的主人公霍尔顿是一个不学无术、满口脏话的孩子，在第四次被学校开除后因怕父母责怪，带着自己不小的一笔钱前往纽约挥霍、厮混了两天两夜。最后打算收拾行李离家出走，去一个没人打扰的地方，最终因为妹妹的恳求与挽留而留了下来。霍尔顿自己更像是那些一路狂跑的孩子，而不是那个站在悬崖边的守望者。

但是值得庆幸的是，大多数的孩子，包括成年人，最终都能够在最关键的时刻悬崖勒马，并不一定是因为正好那里有一个守望者在看护，但也可能仅仅是因为在我们每个人的内心深处也都存在着这样一个守望者。

在物欲横流的浪潮里，丑恶和虚伪充斥着内心，那些扭捏作态的人穿梭在灯红酒绿里寻欢作乐，以青春为代价进行着一场放纵，在毁灭的边缘挣扎。生活中的我们或许苦闷，或许彷徨，或许放纵，或许在拼命寻找一个梦想的出口，在堕落的悬崖边，渴望做一个麦田的守望者，渴望被拯救。我们需要开始审视，观望周围的世界。或许我们曾经和霍尔顿一样，都在青春里驻守彷徨。像霍尔顿一样，我们总在各种内心矛盾里挣扎。在青春的路上，我们敏感好奇、焦躁不安、过于冲动，甚至过于愤世嫉俗，但我们需要有一颗平静的心灵，守望美好的明天，做一个简单而执着的守望天使。

天使在身边

圣诞节前几日，邻居的孩子拿了一个硬纸做成的天使来送我。

"这是假的，世界上根本没有天使，只好用纸做。"汤姆用手臂扳住我的短木门，在花园外跟我谈话。

"其实，天使这种东西是有的，我就有两个。"我对孩子眨着眼睛认真地说。

"在哪里？"汤姆疑惑好奇地仰起头来问我。

"现在是看不到的，如果你早认识我几年，我还跟他们住在一起呢！"我拉拉孩子的头发。

"在哪里？他们现在在哪里？"汤姆热烈地追问着。

"在那边，那颗星的下面住着他们。"

"真的，你没骗我？"

"真的。"

"如果真的是天使，你怎么会离开他们呢？我看还是骗人的。"

"那时候我不知道，不明白，不觉得这两个天使在守护着我，连夜间也不合眼地守护着呢！"

"哪有跟天使在一起过日子还不知不觉的人呢？"

"太多了，大部分都像我一样地不晓得啊！"

"都是小孩子吗？天使为什么要守着小孩呢？"

"因为上帝分给小孩子天使们之前，先悄悄地把天使的心装到孩子身上去了，孩子还没分到，天使们一听到他们孩子心跳的声音，都感动得哭了起来。"

"天使是悲伤的吗？你说他们哭了？"

"他们常常流泪的，因为太爱他们守护着的孩子，所以往往流了一生的眼泪，流着泪还不能擦，因为翅膀要护着孩子。即使是一秒钟也舍不得放下来找手帕，怕孩子吹了风淋了雨要生病。"

"你胡说的，哪有那么笨的天使。"汤姆听得笑了起来，很开心地把自己挂在木栅上荡来荡去。

"有一天，被守护着的孩子总算长大了，孩子对天使说，我要走了。又对天使们说，请你们不要跟着来，这是很讨人嫌的。"

"天使怎么说？"汤姆激动地问着。

"天使吗？他们把身边最好最珍贵的东西都给了要走的孩子，这孩子把包袱一背，头也不回地走了。"

"天使关上门哭着是吧？"

"天使们哪里来得及哭？他们连忙飞到高一点儿的地方去守望自己的孩子，孩子越走越快，越走越远，天使们都老了，还是挣扎着拼命向上飞，想再看孩子最后一眼。可是，孩子变成了一个小黑点，渐渐地，小黑点也消失不见了，这时候，两个天使才慢慢地飞回家去，关上门，熄了灯，在黑暗中静静地流下泪来。"

"小孩到哪里去了？"汤姆问。

"去哪里都不要紧，可怜的是两个老天使，他们失去了孩子，也失去了守望的心，翅膀下没有了要他们庇护的东西，终于可以休息休息了。可是撑了那么久的翅膀，已经变得僵硬了，再也放不下来了。"

"那个走掉的孩子呢？难道真不想念守护他的天使吗？"

"嗯，刮风、下雨的时候，他自然会想到有翅膀的好处，也会想念得哭一阵呢！"

"你的意思是说，那个孩子只想念翅膀的好处，并不真想念那两个天使本身啊？"

因为汤姆的这句问话，我呆住了好久，捏着他做的纸天使，望着黄昏的海面说不出话来。

"后来也会真想天使的。"我慢慢地说。

"什么时候呢？"

"当孩子知道，他永远回不去了的那一天开始，他会日日夜夜地想念着老天使们了啊！"

"为什么回不去了？"

"因为离家出走的孩子，突然在一个早晨醒来，发现自己也长了翅膀，自己也正在变成天使了。"

"那有了翅膀还不好，可以飞回去了！"

"这种守望的天使是不会飞的，他们的翅膀是用来遮风避雨的，不会飞了。"

"那翅膀下面是什么呢？新天使的工作是不是不一样啊？"

"是一样的，翅膀下面是一个小房子，是家，是新来的小孩。是爱，也是眼泪。"

"做这种天使很痛苦啊！"汤姆严肃地下了结论。

"是很痛苦，可是他们认为这是最最幸福的工作。"

汤姆一动也不动地盯住我，又问："你说，你真的有两个这样的天使？"

"真的。"我对他肯定地点点头。

"那你为什么不去跟他们在一起？"

"我之前不是说过，这种天使们回不去了，一个人时才会意识到，发觉原来他们是天使，以前是不知道的啊！"

"真不懂你在说什么！"汤姆耸耸肩。

"你有一天大了就会懂，现在不可能让你知道的。有一天，你爸爸，妈妈……"

汤姆突然打断了我的话，他大声地说："我爸爸白天在工厂上班，晚上在学校教书，从来不在家，不跟我们玩；我妈妈一天到晚在洗衣煮饭扫地，又总是在骂我们这些小孩，我的爸爸妈妈一点儿意思也没有。"

说到这儿，汤姆的母亲站在远远的家门，高呼着："汤姆，回来吃晚饭，你在哪里？"

"你瞧，真啰唆，一天到晚找我吃饭，吃饭，讨厌透了，"汤姆从木栅门上跳下来，对我点点头，往家的方向跑去，嘴里说着，"如果我也有你所说的那两个天使就好了，我是不会有这种好运气的。"

汤姆，你现在不知道，你将来知道的时候，已经太晚了。

因为爱，冰雪才会消融；因为爱，枯木才会逢春；因为爱，希望才会绽放华彩；因为爱，才会能拨云见日，期待阳光；因为爱，所有的生命才会收获圆满。

第五节　期待最好的结局

时间，在身后蜿蜒成长长的河流，记忆中连绵的溪流潺潺流淌，留下难以忘怀的痕迹。沉默中，回忆走过的日子，有欣喜，有快乐，有遗憾，有感慨……所有的这些，都悄然融进了这些平凡叠加的日子。

在寂静的深夜里，捧一杯淡淡的清茶，一份熟悉、一份温暖扑面而来。这里是心灵的港湾，是心中的一片净土。这时候，所有的疲倦，所有的烦恼，所有尘世的污浊和虚伪都自动走开，心灵的空间留下一片洁净。

喜欢这片净土，因为这里是属于自己的天地。是心灵敞开的地方。守望心中的净土，守望自己的期待，守望自己的希望，守望自己的生活，守望自己的人生。

"你若问人生追求的是什么，相信你得到的答案会是期待生命最完美的结局。"我们都希望在这一生中能够得到一些升华，而不是遗憾。

幸福是什么？每个人都向往幸福，追求幸福，可是又有谁真正懂得幸福的真正意义呢？

幸福是一种感觉，是一种态度，它源自于你对事与物的追求和理解。知足者常乐，看起来很简单的事情但做起来却很困难，人要想活得舒心、快乐、幸福，就必须有一个良好的心态。

我们之所以快乐是因为我们学会了知足常乐。凡事都往好处想，无论经历怎样坎坷的生活，内心始终都要保持对生活的热情，始终用一颗温暖的心去面对人生。积极、乐观、豁达、从容、朴素、简单、宽容、善良……这些全部都是激发生命的正能量。

乐观地对待生活，生活本该充满开心、阳光，充满正面能量，所以我们需要有一些自己的独立的时间，就做让自己快乐的事。管他世事纷扰，你就当作在深山中修行。

生命的旅程就是坚强与懦弱的纠缠，倘若不能战胜自己，就应该接受命运的谴责。在行色匆匆的人群里，穿梭在世界的各个角落里，我们不妨停下疲惫的脚步，细心品味生活，欣赏生活的朝夕，用自己的微笑面对疼痛。冷漠是你心灵最遥远的远方，善良是距离心灵最近的地方。关注自己的心态，努力生活。

要时刻谨记我们拥有阳光的心态，即便遇到困境，那就让风雨当作岁月的衣裳，让心安详地倘徉，没有忧伤，没有离别。就算太阳会落山，那也不意味着结束，只是为了迎接下一次绚丽的朝阳的到来。追随阳光，生活就会时刻充满力量。让我们停下匆忙的脚步，平静一下急促的呼吸，敞开你疲惫的心灵，让淡然之风吹一吹，抛开你的烦恼，吹走你的焦虑，沐浴在温暖的阳光下，让乐观的心态带给生活以欢乐，带给你光明的人生！

凡事忍字放在先，一日赛过一日仙。希望每一个人的生命中都能亮起三盏灯，一盏是善良的灯，一盏是勇敢的灯，一盏是忍耐的灯，人生路上就再也不怕坎坷和磨难。

永远怀有不灭的希望

一只企鹅坐在船上，开心地说：我终于可以离开那个冰冷的地方了！没人宠自己的时候，不妨自己把自己当宠物，有希望，就有路。

生活就是希望，倘若有一天自己累了，那么就选择微笑地面对生活。或许有一天我们可能需要去远行，在面对生活的不如意，我们就选择坚强。既然选择了坚强，选择了阳光，那么就感谢这个世界所有的温暖，所有的安好。请相信世界，相信生活，阳光还在，希望还在，信心还在，美好还在。

在人生的道路上，少一点儿抱怨，多一份欢乐；少一点儿计较，多一份豁达；少一点儿自卑，多一份自信；少一点儿苛刻，多一份友善；少一点儿慌张，多一份从容。生活中，需要我们以柔克刚，艰难时怀有希望，即便洒满泪水也感觉一样温暖。

也许生命就是一棵渐渐老去的大树，只要根还在泥土里，那它就会努力地生存，就把每一次的艰难当作是施加了一次肥料，为了那希望中的果实，暂且忽略不计那些纠结、冷嘲和热讽的过程。

阳光的心态，豁达的胸怀，我们的命运就像一只小绵羊。倘若我们放弃希望，放弃努力，放弃学习，那么命运于我们就像是脱离海洋没有足够氧气、奄奄一息的热带鱼。

生活不论多么艰难，也要告诉自己一定要坚强，我们每个人都应该培养出一种平凡的心情，为自己活着，也为别人活着。

倘若活得实在太累，那么就站到高处，看看远方的风景，看看飘散的流云，看看遥远的绿色，生命本来就有一种从容的美。倘若内心还有一丝温暖，那就将它保留，当作火种，再一次点燃希望之火。

人生的希望和梦想，在心底最干净、最纯洁的地方，希望它能够远离俗世的虚荣和张狂，永远存在，永葆鲜活。如果在最困难的时候就选择了放弃，放弃了前进的步伐，放弃了努力拼搏的脚步，那么你只能待在那没有希望的谷底，郁郁寡欢，孤独终老。如果你改变了自己那颓废丧志的思想，开始加紧步伐，那么平凡努力的日子也会开始变得甜美而珍贵，烦琐的事情也会因此变得简单可行了。

希望是滋养命运的源泉，滋润生活，包括经历的那些不幸和苦难。人生的悲哀在于人生路上没有希望。希望是一种奋斗，它将永远不会眷顾坐享其成的人；希望是一种补偿，像是双手轻轻地缝合了擦肩而过的遗憾；希望是一种欣慰，像是一缕春风吹开了眉心的忧愁；希望是一种幸福，它让生命如清泉般清澈透明……

有超然的态度，才会有全新的人生

明·莲池大师曾说过："放开怀抱，看破世间，宛如一场戏剧，何有真实？"弘一法师这样解释这句禅语：人世间就像是一个大舞台，我们生活在其中的每个人其实就是一个演员，都在演绎着自己的故事，演绎着自己的人生，悲欢离合、世事沉浮、功名利禄等等，都在其中得到体现。看淡人生，不是消极地逃避，也不是要看破红尘，它只是让你的内心拥有一些平静，在名利上少点儿欲望，远离那些个人能力不能岂及的诱惑。

不论你在其中扮演的是喜剧演员，还是悲剧演员，当人生的大幕落下的那一刻，作为演员的你终究是要退出这个舞台的。不论你对这个舞台的感情是留念，还是厌倦。总而言之，世上没有不落幕的舞台。正因为如此，才要我们"人生在世，要放开胸怀"。这是在宽慰我们，不要因为一些鸡毛蒜皮的小事而斤斤计较，要开阔一些眼界，心胸要变得豁达一些，为人做事要大度、大气一些。

人的一生只不过是从岁月的长河中借来了一段短暂的光阴，所以我们应该倍感珍惜，应该想尽办法获得快乐，做到笑看人生。凡是遭遇了伤害，遭遇了不公正的待遇，都要尽快地忘掉，让其过得去，倘若你为此烦恼、忧愁和愤怒，你就会加倍地受到伤害，就是对自己不仁，对别人的宽恕，也是对自己的包容。

人生如戏，戏如人生，以不当真、不计较的态度面对，也不失为一种洒脱。把生活中的悲欢离合等看作是上苍对你的特意安排，这样想来，你的人生也就会因此变得轻松了许多。从容地看待每一件事，把事情朝好的方面去想，结果坏事也会变为好事，这样才会有期待中的最好的结局。

第 3 章

奋斗中挖掘潜能，竞争中打造优势密码

人生在世，竞争是无处不在、无可回避的，所以每一个人都应该投身到这场激烈的竞争中去。谁不梦想着成为生活中的富者、强者？但是，这不是凭空想就能想出来的，而是要实实在在拼搏出来的，是在竞争中靠自己的努力拼搏赢得的。是竞争激发了所有拥有上进心的人，并因此而促进了社会的发展和进步。

第一节　生命不息，竞争不止

竞争让我们内心充满危机意识

人生在世，竞争无处不在，无可回避，所以每一个人都应该投身到这场激烈的竞争中去。谁不梦想着成为生活中的富者、强者？但是，这不是凭空想就能实现的，而是要实实在在拼搏出来的，是在竞争中靠自己的努力拼搏赢得的。是竞争激发了所有拥有上进心的人，并因此而促进了社会的发展和进步。可是，生存在竞争的环境中，没有强烈的竞争意识是不可能在竞争中取胜的，而且任何企图逃避竞争的想法和做法都是徒劳无益的。

美国的道格拉斯说："没有斗争就没有进步。"这句话是在告诉我们要想求进步、求发展、求生存就必须去竞争。在人生的历程中，竞争是无法避免的，要想生存就必须得面对竞争。既然竞争是这个社会发展的必然趋势，同样也是我们无法回避的一种客观事实，那么，我们只有选择勇敢地去面对它，用自己的优势：高尚的道德情操、精湛的技艺能力、良好的人际关系等加入到竞争的行列中去，并在竞争中取得胜利，这些才是重要的。

每一个人都会有自己的理想和追求，都会有对美好生活的渴望。要想实现这个愿望，就必须拥有丰富的文化知识和超越别人的过硬本领，只有这样才能够去竞争，去实现你的理想和目标。

说起竞争，我们总会在想，竞争无非就是你争我抢，把你想要的东西从别人手里抢过来吗？事实上并非如此，这样理解竞争太过于简单和狭隘。竞争靠的是信心、毅力，还需要你具有深厚的文化底蕴、高人一筹的才能和丰富的经验。

提升竞争力是不二法则

当然，每一个人活在世上都要选择面对竞争。一个人本身的竞争能力有限，竞争方法也是多种多样。只要你有信心、有毅力，善于吸取失败之中的教训，及时调整自己的心态，努力学习成功者的经验，用知识武装自己的大脑，总有一天，你也会成为社会中的佼佼者，总会找到属于自己的地位和荣誉。所以说，竞争是生存中必不可少的东西，只有竞争才能让我们的生活变得更加丰富多彩。

从前有两只刚刚学会走路的小猫，一只是黑色的，黑得油光发亮；一只是白色的，白得让人睁不开眼睛。因为猫妈妈只生下它们两个，所以它们从一开始就相依为命，互相帮助。

有一天，猫妈妈对它们说："你们已经掌握了生活的能力，从明天开始我就再不给你们吃奶了，你们自己去觅食吧。"

第二天一大早，两只小猫都不约而同地起床，到处寻找能填饱肚子的东西。它们来到了一户人家的窗前，看着屋里许多美味的食物。可是这户人家门窗紧闭，它们无法进去，只好闷闷不乐地走开了。它们又来到一个池塘，站在鱼塘的边上看到活蹦乱跳的小鱼，真是美味极了。它们想吃，可是却又怕水把它们淹死，只好又走开了。就这样，小黑猫和小白猫到晚上也没有找到食物，饿得精疲力竭。回到家里，猫妈妈看到它们的狼狈相就知道它们一定没有找到食物，就心疼地说："看到你们这副可怜的样子，今天就破例让你们再吃一顿奶吧。"小黑猫高兴地跑到妈妈的怀里，尽情地吸吮着甘甜的乳汁，可小白猫却低着头，一声不吭地蹲在那里一动不动。它心里在想：无论如何自己也不能吃，因为今天吃了，明天如果再找不到食物怎么办？如此下去，我们总是这样依赖妈妈养着，那生存还有什么意义呢！猫妈妈又叫它，可小白猫仍然不肯吃，硬是饿着肚皮熬到天亮。

天刚蒙蒙亮，小白猫便起床喊小黑猫一块儿出去觅食。好不容易喊醒了小黑猫，它却懒洋洋地说："我全身都疼死了，一步也走不动了。"回头看到猫妈妈不高兴的样子，只好不情愿地起来跟着小白猫走了。

小白猫提议说："我们今天换个想法吧，今天不去池塘，也不去住户。去田野，听农民伯伯说，他们的庄稼都让田鼠给糟蹋了，到那里肯定会美餐一顿的。"小黑猫同意小白猫的想法，便一块儿向田野走去。它们路过一片小树林的时候，小黑猫看见小鸟、乌鸦、喜鹊，还有美丽的蝴蝶都在树梢上飞来飞去，玩得非常开心，于是便停下来，同它们玩起了捉迷藏。任凭小白猫喊破嗓子，小黑猫仍无动于衷，小白猫只好自己走向田野。

田鼠看见小白猫的到来都纷纷钻进洞穴里，躲在里边不肯走出来，小白猫便蹲在那里等待田鼠的出现，可是等到天快黑了的时候也不见田鼠出现过。小白猫想："倘若我假装睡觉，闭上眼睛，田鼠以为我真的睡着了，肯定会出来的。"于是它闭上双眼装睡着了，嗓子里还不时发出呼噜呼噜的声音。田鼠实在太饿了，便把小脑袋伸出洞穴四下张望，发现小白猫睡着了，于是就大胆地走出了洞穴。可小白猫仍装着睡觉的样子不理它们，当一只田鼠蹑手蹑脚地走到小白猫面前的时候，小白猫猛地扑过去，用锋利的小爪把田鼠死死地摁在地上，直到田鼠一动不动了，它才松开了爪子，把田鼠吃掉。

就这样，小白猫一连捕捉到五只田鼠，吃饱后便按原路返回猫妈妈的身边。当它回到家的时候，已是满天繁星，小黑猫正躺在妈妈的身边呼呼大睡呢。得知小白猫已经能觅食了，猫妈妈高兴地跳了起来，脸上浮现出满意的笑容。

时间一天天过去了，小白猫每天都到田野里捉田鼠，半年后小白猫长成了大白猫，身体一天天地强壮起来，受到了农民的喜爱；可小黑猫只顾着贪玩，仅仅依靠猫妈妈的乳汁活着，身体总不见长。又过了半年，由于猫妈妈怀孕了，小黑猫再也无法从猫妈妈那里得到甘甜的乳汁，结果就被活活地饿死了。

这个寓言故事告诉我们，只要有生命存在的地方就会有竞争。小白猫坚决不肯吃猫妈妈的奶汁，而是凭借着自己的毅力找到了活下去的办法，为自己创造出了生命最基本的东西——生存能力。无论是人类还是动物，要想活下去就必须去竞争，去奋斗，否则"断奶"之后的命运就会与小黑猫一样。生命是宝贵的，更可贵的是活出生命的质量。即使活着，却也一无所有，一无所获，那还有什么意义可谈呢？但充实而有意义的生活不是天上掉下来的，它需要靠你自己去争取。让生活具有持久的意义是对生命有责任感，让生存变得更有意义的是竞争，所以说竞争对一个人的生存来说尤其重要。

好战略不仅能督促我们实现自己的目标或愿景，还能清楚地认识到当前的挑战，并提供应对挑战的途径。挑战越大，好战略就越需要协调和集中。只有这样，我们才能获得最大的竞争力，才能解决问题。不幸的是，好战略并不常见，只是凤毛麟角，而且这种局势会衍变得越来越坏。越来越多的企业领导者说自己拥有战略，但实际上他们没有。相反，他们信奉的只是我们所说的"坏战略"。"坏战略"所逃避的通常是令人头疼的细节和焦点问题的关键，忽视了选择和集中性的力量，妄想同时兼顾到多个冲突的诉求和利益。通常在橄榄球比赛中，指挥反攻的四分卫给队友的唯一意见就是"让我们赢"。同样，"坏战略"通过提出一些长远的目标、抱负、愿景和价值观来掩饰自己无法提供有效指导的事实。

第二节　全力以赴，获取最大竞争力

坚持让所有困难变成纸老虎

生活就像是一场马拉松式的长跑比赛。在这条跑道上，我们只有用顽强的毅力去拼搏，才能以最快的速度跑到目的地。不然，很有可能中途就会被淘汰。同样，在激烈的竞争中，只有那些敢于献身、勇于拼搏的人，才能体现出其生命的价值，实现人生的终极目标。有人曾经说过："要探索人生的意义，体会生命的价值，就必须去追寻能使自己值得献出生命的某个东西，而这个东西就是不断地竞争。"

在 1914 年初，南极探险家沙克尔顿准备招聘几名具有挑战精神的船员，经过短短几天的准备，报名人数竟高达 5000 多人。经过认真、严格的挑选后，作为领袖人物的沙克尔顿最后从这些报名人员中挑选了 27 名船员。经过 5 个月的集中训练和其他准备工作，1914 年 8 月 1 日，沙克尔顿带领着这 27 位勇士，乘木船离开了伦敦。沙克尔顿根据家庭的座右铭"坚毅必胜"，决定把木船命名为"坚毅号"。在 12 月 5 日那天，"坚毅号"在离开南乔治亚岛后，于第二年的 1 月 8 日抵达了南极洲边缘的威德尔海，之后即身陷冰川之中而动弹不得，并随着冰雪漂移了 10 个月之久，其中包括南极长达数月的漫漫严冬。就在夜夜零下几十度的严寒中，形单影只的轮船最后也被巨大的冰坨压毁。10 月 27 日，沙克尔顿下令弃船而走。11 月 8 日，随队摄影师赫黎冒险潜入困陷冰海的木船，抢救回部分珍贵的底片。11 月 21 日，"坚毅号"沉没。

为了生存，他们决定尝试徒步穿越冰雪抵达大海，但是每天的行程连 3 公里都走不到，而且体能的消耗却极大。最后，沙克尔顿毅然决定选择放弃前进，就在浮冰上面扎营。在食品、衣服、遮蔽物严重缺乏的情况下，沙克尔顿和他的船员在冰天雪地中整整露营了 5 个月之久。在这 5 个月之中，为了鼓励船员的斗志，和船员一样身心俱疲的沙克尔顿依然是谈笑风生，并不时在冰上翩翩起舞。而这时，他们所有的食物几乎要吃完了，只能靠企鹅肉和冰雪来维持他们的生命。

当探险队员们最后随浮冰漂浮到北面开放水域后，他们立刻登上弃船时抢救出的 3 艘小救生艇，经过 7 天艰苦的海上旅程，齐心合力地勉强航行到荒芜的大象岛，而大象岛是一个远离航道的荒芜岛屿，留在那里也只有死路一条。眼见船员们的体能与精神都濒临崩溃，沙克尔顿知道不能再等了。1916年4月24日，沙克尔顿决定和另外4名船员乘坐一艘22米长的救生艇"加兰号"开始一项几乎不可能的自救行动。为了挽救生命，他们只能这样了，目标就是横渡1300海里波浪滔天的海面，到达设有捕鲸站的南乔治亚岛求救。临行前，沙克尔顿秘密写下了一张字条，交给一位船员收了起来，并嘱咐他，20天后倘若自己没能返回救他们时再打开。字条上写着：我一定会回来营救你们的，倘若我不能回来，那我也是尽我所能了。但你们一定要抓住每一个生存的机会，和死神抗战到底。

就这样，5个人在狂风恶浪中航行了17天。"加兰号"奇迹般地到达了南乔治亚岛人迹罕至的南岸。因为风浪太大，"加兰号"无法靠岸，他们不得不又在一会儿飞上半空、一会儿又好像要沉入海底的救生艇上苦熬了一个晚上。但是，捕鲸站设在南乔治亚岛北岸。几个面带冰屑，手脚几乎麻木的人在沙克尔顿的带领下，仅仅靠着一根绳索、两把冰镐，在留下两个体弱的队员后，另两位队员随沙克尔顿在30个小时内，奇迹般地横越了42公里被认为飞鸟难越的高山冰川，走过了从来无人涉足的南乔治亚岛内陆，准确抵达北岸的达史当尼斯捕鲸站。捕鲸站站长目瞪口呆地望着3个像是从天而降、似人似鬼的人发问道："你们是谁？"

走在最前面的人开口说："我是沙克尔顿。"

深知此行艰难并相信"坚毅号"已经没有任何生还希望的捕鲸站站长、一个壮如铁塔的铮铮汉子闻言，转身掩面而泣。这一天已是1916年5月20日。

5月23日，尚未完全恢复的沙克尔顿急急忙忙地在接到留在南乔治亚岛南岸的两位队员后，又借船开往大象岛去营救留在那里的23名船员。所有的人都阻止他不要去了，还是选择留在捕鲸站休息比较好，让别人前去营救。但沙克尔顿坚决不同意，他说他一定要亲自去，因为这是他的诺言。因为风浪太大，前3次营救均尚未成功。8月30日，当第四次出发营救的船只终于驶近大象岛时，心情激动的沙克尔顿两眼直盯着前方。当隐约有人影可以分辨的时候，沙克尔顿便急着清点人数：1、2、3……23。"他们都在那里！他们全都在！"

沙克尔顿终于按照约定接走了当初留在大象岛上的23名船员。他们最终战胜了死神。

现实就是如此的残忍，竞争也是如此。我们只有像沙克尔顿和他带领的船员那样英勇、顽强地去和现实战斗，这样才会有生活的希望和美好的结果。

人生就是一场战争，任何人都必须敢于与之抗衡，才能达到自己的目的，否则，最后的结果也只能是被淘汰。上天绝不会轻易地就把幸运降临在每一个人的身上，只有靠我们自己不放弃一丝希望，勇敢地去争取，才能实现目标的可能性。

一个人只要活着就一定要去竞争，倘若没有竞争就缺乏了生存的意义和生命的乐趣，而且竞争也是我们获得成功的必经途径。每一个人都离不开竞争，因为每个人都有自己的竞争对手。即便竞争是残酷的，但是为了能够让自己的事业成功、学业有成，你也得必须学会认真地面对它。倘若不去竞争，就会像鸟类一样，因为害怕伤害了自己好看的羽毛而不敢在天空中翱翔，那么要翅膀还有什么意义呢？

只有自己才能拯救自己

贡宝是比利时一家效益不好的企业的职工。后来企业倒闭了，他只好到处找工作，可是他跑了半年多仍然没有找到适合自己的工作，只好在一个转运站当装卸工。虽然工作是累了点儿，但工资待遇还算是可以。

突然有一天，一场灾难降临到了他的头上，一个将近200斤重的袋子从车皮上掉了下来，把他死死地压在了下面。霎时间，他只感到眼前一片漆黑，之后就什么也不知道了。在工友们的帮助下，他被送进了医院。经过检查才知道，贡宝左部三根肋骨骨折。医生说，即便痊愈，也不能干体力活了。

贡宝十分伤心。他想：倘若自己不能干活，怎样才能养活自己的一家人呢？于是，他想到了死。在一个漆黑的夜晚，他写好了一封给妻子的遗书，准备自缢而亡。就在生死关头的最后那一瞬间，一位年轻的女护士手里拿着病历走进了他的房间。当护士小姐看到这一切之后，立即向院方汇报，于是院方对贡宝加强了防备。贡宝虽然没有死，但是他每天躺在病床上自怨自艾。

有一次，妻子来医院看望他时，给他买来了一些报纸，就是这些报纸给了他生存的希望，同时给他带来了好运。是报纸上刊登的一则招聘广告启发了他。广告是比利时旅游局刊登的，想招聘一个英语翻译。看到这里，贡宝不顾伤痛，瞬时间就手舞足蹈起来，因为他虽然只有高中文化，但是他在上高中时就学过英语，并能进行一般的英语对话。他来到招聘处，一位美国人接待了他，原来他是这里的主管。笔试合格后，主管用英语同他交谈，可他对主管说的话似懂非懂，直到主管摇头，他才结巴地说："对不起，你能再给我一个月的时间吗？到那时，我肯定能在你面前说一口流利的英语。"主管激励他说："那好，就等你一个月吧。"

为了得到这个富有诱惑力的工作，贡宝用家中仅有的100元钱买了一部复读机。从此，这部在别人看来不起眼的复读机成了他的良师益友。为了能在短时间内真正地提高口语水平，他不分昼夜地利用复读机学习英语对话。苍天不负有心人，经过贡宝的坚持不懈，他的口语水平终于得到了很大的提高。他感觉到自己的功夫没有白下。一个月后，当他满怀信心如约来到主管面前的时候，那位主管没料到贡宝将他的一句搪塞之词当了真，更想不到他能在短短一个月的时间里英语水平提高得这么快，可是他不无惋惜地对贡宝说："很可惜，这里的招聘名额已满。"

贡宝立刻急了，没想到自己一个月的努力，因为一句话就成了泡影。他平静了一下自己的心情对主管说："让我试一试吧，哪怕你不给我工资。"主管看着他执着的面孔，点头同意让他留下来。经过两天的试用期，主管觉得贡宝的英语水平真的不同凡响，于是提供了录用他的机会。所以，贡宝成为旅游局的正式翻译。美国的一家大型企业的部分员工来比利时旅游，贡宝被指派为这个旅游团的专职翻译。贡宝深感自己的责任重大，为了不辜负领导对他的重用，他决定用自己的最高水平完成好这一项工作。

可是事情并不像他想象的那么简单。在旅途中，有一位先生用得克萨斯方言来询问一座古城的来历。因为贡宝对这一方言从无研究，所以没办法翻译，引起了整个旅游团对他翻译能力的怀疑。在他无法回话的时候，一位老太太对他表示了同情，用标准的英语告诉了贡宝那句方言的意思，贡宝才挽救了难堪的局面，最后终于顺利地完成了任务。几年之后，贡宝因为成绩突出而得到了老总的赏识，被提拔成为业务主管。

贡宝因为自己的执着和敬业的精神，为自己的生存赢得了机会，让自己的工作得到了良好的提高。在充满竞争的现代社会里，我们每一个人都应该对竞争有一个正确的认识。只要有竞争的地方就会有成功和失败，无论是成功还是失败，都要有一种不甘落后的进取精神。只要我们满怀信心地去参与竞争，就能体现我们生存的价值，我们的生命也将因此而变得更加有意义。

第三节　学习力，插上竞争的翅膀

不断完善自己就是提升竞争力

竞争力是什么？"台湾的彼得·德鲁克""竞争力之师"石滋宜博士在《竞争力》一书中有过这样的解释：竞争力就是学习力。他认为，竞争力应该适应外部环境的变化进而起到变革的能力，而学习力就是带动变革的原动力。学习力是一个人或者一个组织唯一持久的竞争力，而学习最终的目的也是为了实现自我价值，发挥潜能，挖掘出自身蕴藏的最大宝藏。总而言之，学习力就是竞争力。要通过学习新的观念和方法，逐渐改变旧的思维方式和行为习惯，重新塑造新的竞争力。所谓的学习力就是由学习的动力、学习的毅力和学习的能力三种要素组成的，所以说，学习力是将知识资源转化为知识资本的一种能力。

当今世界正经历着翻天覆地的变化，人类需要不断补充知识，需要不断积累知识。学习已经成为人们每天必须坚持做的事情。简而言之，学习力就是自我学习的能力。学习力的本质就是竞争力。在这个竞争日益激烈的时代，全世界都进入到了信息化的时代，科技突飞猛进，经济正在飞速地发展，竞争局势日益紧张，每天都在不断地上演着优胜劣汰的残酷戏码。实践证明，最近30年产生的知识总量相当于过去2000年产生的知识总量。所以说，目前国家与国家之间，政府与政府之间，城市与城市之间，企业与企业之间，所谓的"人才"之间的竞争，也就是"学习力"的竞争。谁拥有了较强的"学习力"，谁就掌握了足够多的知识和信息，谁就有了充足的"创造力"，从而就能够在竞争中占取优势地位，不然就会在竞争中被无情地淘汰。事实说明，凡是通过超越自我、团体学习、头脑风暴等形式提高学习能力的企业，大多数能在原有的基础上重新焕发竞争的活力，再铸辉煌佳绩。

面对今天快速发展的新形势，学习力已经成为不可忽视的一种需求。知识经济的增长带动了整个世界的变化，促进了知识的快速更新和生活节奏的加快。在这样的现实环境下，我们逐渐变得忙忙碌碌、疲于奔命，却总会在某一个瞬间发觉自己已经不能适应这个社会的快速运转。时间在不停地运转着，而世界在每一天中都是新的，我们与世界之间的差距就在不知不觉中逐渐扩大。于是，我们领悟到自己的生活需要用知识来填满，需要用知识加以丰富。所以说，学习力已经成为职场人士必须要做的事情。

每一个人才的背后，一定要有顽强的学习力做支撑。假如你的学习力逐渐变得懈怠，那你就很可能从一个"人才"沦为企业乃至社会的一个"包袱"。人才其实就是一个动态的概念，它不是一成不变的，也不是永恒的。它需要不断地升级，不断地发展，只有人才的学习力逐渐地加强，不断地提高，才能保证人才的质量，这样的人才才是企业需要的人才，才是货真价实的人才。所以，人才竞争的背后隐藏的是学习力的竞争力。对企业来说，亦是如此。企业一定要努力完善自己的学习型组织，只有这样的组织才能让企业在未来的竞争中立于不败之地。企业要致力于提升整个企业组织的素质，要努力打造成为学习型的组织，这样才能从根本上提高企业的竞争力。

学习力是企业竞争最终的决定力

有一位经济学家曾说过这样的一句话："不学习是一种罪恶，学习是有经济性的，用经济的方法去学习，用学习来创造经济、创造效益。"我们应该在理论上、实践中和相互的交流中不断地学习，不但要注重学习的方法，还要保持正确的学习态度。

实际上，从古至今，没有哪个管理者不把学习当成一种管理的手段。唯有通过学习的方式来教化下属和臣民，才能让他们达到符合自己的管理需求，创造出最大的利益。正是因为人们具有不断学习和创造的精神，才使社会处于不断地进步和发展中。当有人提出"学习力"的概念的时候，所有的管理者无不欢呼雀跃。由此可见，"学习力"就是管理者区别于其他企业的最大的竞争力。

而他们成功的奥秘就在于：

§ 组织内的员工特别是领导层，需要不断地提高学习能力。

§ 加强"组织学习"的能力，形成具有特色的组织文化，集思广益，进而获得最大的成效。

§ 以最快的速度，在最短的时间内学习到最新的知识、最有用的信息，应用于企业的变革与创新，争取最大限度地适应市场和客户的需要。

在一个企业中，学习力必然会成为竞争中的独树一帜的优势。学习力已经成为企业管理的主旋律，企业之间不断打破因循守旧的做法，取长补短，坚信只要肯学习，刻苦钻研新技术，留心观察和发现问题，就会提升企业的竞争力。最聪明的竞争就是避免竞争。想别人不敢想，做别人不敢做的，洞悉市场潜在的需求，及时开发出新产品。创建学习型的企业，首先要有创新学习的理念。唯有做到理念上的突破，才能在不断的学习中提高竞争力。

我们要求员工从本行业中分辨出最好的企业并向他们学习。通过向竞争对手学习，不但要重视结果，还不能忽略过程，同时注重形式又不能忽视内容，要把学习的结果付诸实践。所以，企业之间学习的最终的目的还是在于通过学习"修正自己的行为"，而不是装潢门面，这充分体现出了学习力的重要性。

成功者和平庸者之间根本的区别，就是成功者看重自己的学习力，能够从工作中发掘竞争的优势。主要做到以下几点：

§ 要时刻保持积极、自信、乐观的学习态度。

不论在哪个岗位工作，只要时刻保持着积极、自信、乐观的学习态度，那么你就拥有了成功一半的概率。

§ 要善于学习。

学习是提升工作技能的前提，更是胜任工作岗位的保障。不论在哪个单位，你的学习能力决定了你未来的发展前景，而最直接、最有效的学习方法就是我们通常讲的"干什么学什么，缺什么补什么"，把学习和自己的工作结合起来，做到学以致用。

§ 要立足岗位，进行创新。

作为企业的一名职员，学习别人只会永远落在别人的后面，唯有不断地创新，才能领先他人，才能实现跨越发展。作为一名员工，唯有在不断的创新中，才能让自己在竞争中永远处于不败之地，才能在推动企业发展的同时，实现自己的人生价值和理想。创新不单单是企业的责任，也是我们每一位员工的责任。我们要想创新，就要在立足本职的基础上，围绕如何提升自己的工作效率和质量做起，围绕工作中的困难做起，善于思考，勇于钻研，勤于发现问题，更要善于解决问题，争取做一名知识型、创新型员工。

第四节　思考力决定竞争力

解决问题的根本方式就是逻辑思考能力。逻辑思考能力对于解决生活中出现的问题来说简直就是易如反掌，而且我们经常所说的先见之明、直觉也都是从逻辑思考中衍生出来的。可是，因为有太多的人都没有养成逻辑思考的习惯，所以也就缺少了解决问题的能力和思路。政要倘若没有正确的思路，就可能会危及政治、经济和整个国家的未来；对商业人士来说，倘若没有正确的思路，就无法带领企业迎接新时代的竞争考验。

在这个竞争激变的时代，企业间经常要面对亟需要解决的难题。对于个人来讲，除了工作上的问题，我们每天也必须学会处理生活上的各种问题。为了处理这些问题，我们必须具备能够找出真正解决问题的思考路径。世上并不存在"理所当然"的事。遗憾的是，许多面临严重问题的企业，在找出解决对策以后，却没有坚决实行下去的执行力。

要想解决已经产生的问题，就必须分析问题出在哪里，然后弄清其中的原因，再对症下药。思考要有逻辑性，就可以得出想要找的答案，可是许多企业经营者都不曾拥有这样的思考策略。以目前的形势看来，具备这种能力是理所当然的事，但是许多企业就是视而不见。也许就是因为这个原因，良性循环之下，让企业在解决和自己立场、利益相关的问题时，反而能够手到擒来。

很多传统观念和做法，不仅有产生的客观基础，它们得以长期存在和广泛流传，也往往有其自身的根据和理由。一般来说，它们是前人的经验总结和智慧积累，值得后人继承、珍惜和借鉴。但也应该注意到这一点：它们有可能妨碍和束缚我们的创新思考。

一封奇妙的来信

1831年，德国著名化学家维勒，收到来自老师贝里齐乌斯教授寄给他的一封信。信是这样写的：

从前，有一个名叫凯丽的既美丽又温柔的女神住在遥远的北方。这位女神究竟在那里住了多久，没有人知道。

突然有一天，凯丽听到了敲门声。这位一向喜欢静谧的女神，一时懒得起身开门，心想，等他再敲门时再开吧。谁知道等了好长时间仍听不见动静，女神感到非常奇怪，往窗外一看，原来是维勒。女神望着维勒渐渐远去的身影，叹气道：这人也真是的，从窗户往里看一下不就知道有没有人在，不就可以进来了吗？就让他白跑一趟吧。

又过了几天，女神又听到了敲门声，依旧没有开门。

可是这位名叫肖夫斯唐姆的客人非常的有耐心，直到那位漂亮可爱的女神打开门为止。

女神和他一见倾心，婚后生了个儿子取名叫"钒"。

维勒读完老师的信，唯一能做的就是抬起头来一脸苦笑地摇了摇头。

原来，在1830年，维勒开始研究墨西哥出产的一种褐色矿石时，偶然间发现一些五彩斑斓的金属化合物，它的一些特征和以前发现的化学元素"铬"非常的相似。对于铬，维勒已经是见怪不怪了，当时也没觉得有什么与众不同的地方，也就没有深入研究下去。但是一年之后，瑞典化学家肖夫斯唐姆在本国的矿石中，也发现了类似"铬"的金属化合物。他并不是像维勒那样把这个发现扔在一边，而是经过无数次的实验，证实了这是前人从没发现的新元素——钒。维勒因一时疏忽把一次大好时机拱手让给了别人。

敢于打破一切常规

查理·艾尔顿从牛津大学生物系毕业以后，便来到一家公司当顾问。一次他到天寒地冻的北极地区进行动物生态考察。

艾尔顿到达北极后，随意翻看着这家公司以往收购因纽特人皮毛的账簿，偶然间发现，这家公司收购的北极狐皮毛，每四年中就会出现一次收购的高峰期。

"为什么会这样呢？"他请教了很多的当地人和一些科技人员。

"北极狐时多时少，这是由来已久的事了，并没什么值得奇怪的。"人们平静地回答。

艾尔顿凭借着他的动物学知识，意识到这很有可能跟北极狐的食物链有关系。经过一番认真的研究调查后，他发现北极狐的主要食物是"旅鼠"。旅鼠有一个非常奇怪的特点。在某一段时间内，常常有几万只、几十万，甚至几百万只的旅鼠，一起穿越原野，穿越山冈，浩浩荡荡的，就像是大规模的集体旅游，所以人们通常管它就叫旅鼠。它们就这样马不停蹄地奔跑，即使到了海边，也绝不停止，最后都丧命于滚滚的汪洋之中。

究竟是什么原因给旅鼠带来如此巨大的悲剧呢？

经过长时间的考察分析后，他终于查清楚了真相：因为旅鼠繁殖的速度极快，几年后旅鼠的数量就达到了极限，数量庞大的旅鼠，导致了食物严重的匮乏。这时的旅鼠已经是饥饿难忍，烦躁不安，于是就开始大规模转移，直至最后走投无路而选择集体自杀。

可是，这给以旅鼠为主要食物的北极狐创造了良好的生存环境，以至于北极狐的数量不断增加，所以，从爱斯基摩人手中收购的皮毛也就达到了高峰。

1924年，艾尔顿公开发表了这一项研究成果，并在此基础上提出了动物界食物链这一著名理论。1927年，他开创了动物生态学学科。从此，他成为一个举世闻名的动物学家。

为什么会出现维勒和成功擦肩而过，而艾尔顿却取得了重大成就这两种截然不同的结局呢？因为维勒对貌似"铬"的异常现象见怪不怪了，见得久了，对它的反应也就变得迟钝麻木。这样势必会在接下来的研究和探索过程中失去兴趣，于是就不再深入研究下去。可是艾尔顿却对事物保持着新鲜感和思考力，花费大力气去深入研究和探索，最终取得成功也就是理所当然的事情了。

自然界中有一种惯性。静止的东西只要你推动它，必须花费很大的力气，来克服静摩擦力。而运动着的物体，就算花费大力气，也不能立刻让其停止运动，因为需要一个减速运动的过程。这种强大的惯性同样也适用于新定式的建立之初和旧定式的消亡过程中。

故事很简单，道理也同样的简单，主要是告诉人们在这个竞争激烈的时代，任何人都有成功的机会，但是这样的机会藏在于思考力里面，因为勤于思考，凡事多想一点，才不会将成功的大好机会拱手让给别人。

1952年前后，日本东芝电器公司曾一度积压了大量卖不出去的电扇。7万多名职工为了打开销路，尝试了各种方法，可是收效依然甚微。

有一天，一个小职员向公司领导人提出了改变电扇颜色的意见。当时全世界的电扇都是黑色的，东芝公司生产的电扇当然也不例外。这名小职员的意见是想把黑色改为浅颜色。这一意见立刻引起了公司领导人的重视。经过认真研究后，公司采纳了这个建议。

到第二年夏天，东芝公司推出一批浅蓝色的电扇，大受顾客的欢迎。甚至在市场上还掀起了一阵抢购热潮，短短几个月之内就卖出几十万台之多。从此以后，在日本以及在全世界，电扇的颜色就不再是唯一的黑色了，而开始变成了各种各样的颜色。

这一事例具有很大的启发意义，只是因为改变了一下颜色这种小事情，就开发出一种面貌全新、销量畅销、让整个公司因此而渡过了难关的新产品。这一改变颜色的大胆想法，不但提高了公司的经济效益，同时也在社会上产生了广泛的影响！而提出这一设想的人，既不需要广博的科学知识，也不需要丰富的商业经验，为什么东芝公司其他几万名职工没人想到，没人提出来呢？看来，这主要是因为，自从有电扇以来，它的颜色就是黑色的。虽然谁也没有做过这样的规定，但是在漫长的时间里人们就已经逐渐形成一种惯例、一种传统，好像电扇的原本颜色就只能是唯一的黑色，而不能是其他的颜色。像这样的惯例，这样的固定模式反映在头脑中，便形成了一种根深蒂固的思维定式，严重阻碍和束缚了人们在电扇设计、制造上的创新思考力。

现实生活中，很多的传统观念和做法，他们之所以能够存在和发展下去，往往有其自身的根据和理由。通常说来，它们都是前人的经验的总结和智慧的累积，值得后人继承、珍惜和借鉴。但我们也应该意识到这一点：这些有可能会妨碍和束缚我们的创新思考力。

第五节　阳光心态照亮竞争力

健康心态为拼搏保驾护航

"心态决定命运"，生活中我们经常听人这么说。你的成功、幸福、健康、财富全是依靠看不见的法宝——积极的心态。有一位哲人曾经说过："你的心态就是你真正的主人。"在竞争日益激烈的今天，失败是在所难免的。倘若没有积极的心态，我们是不会成功的。在我国古时就有"失败是成功之母"的说法，但这也是在具有良好心态的前提下"失败"才会成为"成功之母"。没有良好的心态，失败给人带来的除了消沉和沮丧之外，就是抱怨命运不公的声讨声了。所以说，在积极的心态下，失败才是成功之母。生活中，不论我们碰上怎样的挫折、困难都不要畏缩，而要用积极的心态来面对这一切，并将弱势转变为优势，这样一定会在激烈的竞争中取得成功的机会的。在现实社会中，竞争无时无刻、随处可见。那么，怎样才能在激烈的竞争中取得胜利，实现自己的理想呢？竞争获胜的原因固然有很多，但是最重要的还是保持积极进取的良好心态。

积极的心态会让人保持良好的态度，对自己事业的成功也会充满坚定的信心，并能让自己持之以恒地坚持下去，坚持不懈地努力实现它，最后走向成功。否则，你将一事无成。那么，说到底要怎样才能和别人竞争呢？总之一句话，就是要有积极的心态。

因为积极的心态是决定一切正确行为的根本。积极的心态不仅在成功的时候表现出来，更主要的是要在失败的时候懂得如何应对。在面对失败的时候，更要用积极的心态寻找自己失败的原因。不要因为失败而气馁，积极的心态会帮助你从摔倒的地方站起来，并调整好自己的状态，继续奋进，继续拼搏，直至最后在竞争中取得胜利，成为一名真正的成功者。这时，积极的心态就是继续前进的力量。

尼克松如何提高竞争力

在理查德·尼克松3岁时的某一天，母亲驾车带他出去玩。

小尼克松坐在邻居的腿上，可在拐弯处，由于车速度太快，他被猛地甩了出去。就在母亲拼命地勒住马车的时候，看见小尼克松正不顾摔伤的疼痛，即便龇牙咧嘴，但仍然能迅速地从地上爬起来，快速地向母亲跑去。

母亲抱着小尼克松心疼地流下了眼泪，说："宝贝，摔痛了吧，有没有受伤？"

小尼克松只是摇了摇头说："妈妈，我不痛了，我们接着走吧。摔过之后，下次我就会注意了。"

小时候的尼克松就能在摔伤中调整好自己的心态，成为一个让妈妈感动的孩子。很巧的是，这也正是他以后的人生历程：不断地奔跑、跌倒，然后再奔跑。

1946年他被选入国会，因为他揭露了国务院高级官员阿尔加希斯为苏联充当间谍的伪善面目，而一跃成为公众瞩目的人物。

1952年，他成为艾森豪威尔总统的搭档，并因此提名参加竞选副总统。

竞争是激烈的，对手也是强大的，为了取得竞选的成功，他用激情的演说为自己进行了周密的辩护，反驳了对方不公正的指责，挽救了自己担当候选人的名誉。

当时，凭借他的实力竞选副总统应该是相当有把握的，他在心里也十分的自信。可是，在大选中，他却以极微弱的劣势败给了他的对手肯尼迪，两人在选票上的差距是美国历史上最小的。

当选票结果公布出来时，他不禁为之一怔，失望顿时涌上了他的心头。这太出乎他的意料了，因为按他事先的预测，凭借他平时的能力，要想成为一个副总统应该是绰绰有余的。可是不知是什么原因，却被肯尼迪以微弱的优势击败了，这令他非常沮丧，也令他百思不得其解。

但他并没有被击倒，相反，尼克松在心里暗想："为什么会在竞选中失败呢？自己到底是在什么方面出现了问题？一定要找出原因，重新站起，并克服这些弱点，以便在下一次的竞选中获得成功。"

过了几天，他努力地调整好了自己的心态，并将这次竞选的失败，当成了他前进的动力。

1962年，在竞选加利福尼亚州州长时，他又一次失利了。这一次，他坐下来沉思了几天，他做的最主要的工作依然是彻底地调整好自己的心态。并在此后的6年时间里，他始终在政治的漩涡中奋力拼搏。

付出总会有回报的。终于，在1968年的总统大选中，他以绝对的优势入住白宫。可是，在尼克松就职总统时，酝酿已久的文化风暴终于爆发了，反正统化的狂潮如同一场海啸，冲击着他所代表的价值观，他用来与之对抗的工具和信念开始失去了作用。在这充满极限的挑战中，他并未被打败。

即便是他被卷入了风暴的中心，但他依然毫不畏惧，根本不曾考虑过凶猛的风暴可能会连他也一起摧毁。这场风暴被平息以后，对尼克松的指责就没有停止过，但他并不畏缩，选择坦然地面对这一切。"倒下"这个词在他的人生中从未出现过。

即便遇到再强的竞争对手，再艰难的困境，也不曾让他有过"倒下"的念头。他唯一的想法就是要调整好自己的心态，努力把自己的弱势化作优势，击败对手，战胜挫折，最后在竞争中取得成功。

社会是一个大环境，在这个大环境中，态度就是竞争力。公司员工和员工之间在其他优势都势均力敌的情况下，态度就是绝对的竞争力。一个人能否从众人之间脱颖而出，固然需要他有超越众人的非凡能力，但更需要的是他的态度要比别人更加的积极。

那些被解雇或者始终得不到提升的人，往往不是因为他们的能力不够，而是他们的态度不够端正。"有志者事竟成，破釜沉舟百二秦关终属楚；苦心人天不负，卧薪尝胆三千越甲可吞吴。"这副对联完美地向我们阐述了成功的秘诀。只有那些态度坚定的人才能取得成功。所以说，成功是个结果，持之以恒才是过程，而最重要的前提是良好的心态，即个人对工作、生活的态度。

一位哲人曾说过："你的心态就是你真正的主人。"一位伟人说："要么你去驾驭生命，要么是生命驾驭你。你的心态决定谁是坐骑，谁是骑师。"佛说："物随心转，境由心造，烦恼皆由心生。"

心态决定现状，要想改变现状，首先要调整心态。态度影响我们的行为，而心态引导我们的意识。意识决定行为，心态决定你的态度。一个心态非常乐观的员工，无论他从事什么类型的工作，他都会把工作当成是一项神圣的天职，并抱着浓厚的兴趣把它尽力做到最好。而一个心态消极甚至扭曲的员工，只会把工作当成负担，当成自己压力的源头，像个敌人一样地去对待。

不论我们做什么事情，在什么工作岗位上，有什么样远大的理想，你的态度对于你将要达到的高度起到决定性的作用。

你的工作态度很大程度上决定了你的职业高度，而你的人生态度决定了你的人生高度，有什么样的态度，就有什么样的人生。所以，改变心态是拥有超越他人最强大的竞争力的条件。

第六节　独立人生打造核心竞争力

人的基本属性是社会性，我们必然是要在社会中生存的。人与人在工作、生活和交流的过程中，少不了要把自己与别人做比较，也就是变相的竞争。要想战胜对方，就需要有自己的核心竞争力。竞争分两个层面，一是物质的，二是非物质的。

相对于物质竞争来说，精神上的竞争还是尤为重要的，因为它是最能体现个人核心竞争力的地方。精神竞争含有比较多的概念，主要包括以下两个层次：

第一层次——能力。能力是指处世的能力，办事的能力，学习的能力等，这主要包括个人的思考力、分析力、行动力以及人的性格、脾气、勇气、智慧等方面。这是与物质层面接触最直接的层面，和物质需求密切相关。

第二层次——精神。是指人们征服万事万物以及对待自我的一种生命力。经常听人说道："一个人总要有一种精神。"就是这个道理。它体现的是一个人的一种信念、一种坚持、一种斗志，一种永不言败、不屈不挠的积极向上的征服欲和人生观。所以，斗争者生存。这是在能力之上存在的一种动力，是能力的保证、源泉和引导者。

在工作中学会思考

孔夫子曾经说过："学而不思则罔，思而不学则殆。"

读书不动脑筋是不行的，只是一味地空想而不去读书也是不行的。实践出真知，要理论与实际相结合才能发挥出本身所蕴含的巨大能力。工作总是简单夹杂着复杂。在复杂的工作面前，墨守成规、埋头苦干，一样可以把工作做得很好，但是效率可能不会太高。现代社会讲求高效率，高质量。在保障工作质量的前提下，还要提高我们的工作效率，如何把复杂的工作简单化、清晰化，提高准确性，就要求我们在日常工作中学会善于思考、扬长避短，方能事半功倍。

在为人处事中，倘若我们也能学会换位思考，多一点儿耐心，多一点儿包容，多站在别人的立场上思考问题，也许会化解很多不必要的矛盾和冲突，生活也会变得和谐融洽。

我们每一个人都替别人多想一点儿，少计较一点儿，那么我们的生活也会多一些和谐，多一些阳光。

古人云："勿以善小而不为，勿以恶小而为之。"快乐是需要传递的，与人为善也就是与己方便，多替别人考虑一些，我们不但会收获小小的感激和喜悦，也会因为这一善举而改变自己和别人的生活态度。学会换位思考，我们将拥有不一样的幸福人生。

修行在个人

其实，在这个世界上，没有谁是无能落后的。一个人能否心想事成、实现自己的理想或者是取得优异的成绩，关键还是在于自己的努力。只有在工作中保持不断地思考，才会有更大的进步。

在一次座谈会上，一个企业家讲述了他的心得。他告诉在场的听众，他的员工之所以个个都是精英，那是因为他能够让每一个员工都找到适合自己的岗位。这样，员工就能够认真高效地完成工作。同时，他也讲述了自己训练员工的方法，最关键的一条就是让员工勤于思考。

只有当员工学会思考、学会从工作中吸收经验和教训，这样才能使自己的能力得到最大的发挥。无论你现在处于什么样的工作岗位，也不管你的工作能力如何，都要记住一点：边工作边思考。一个不会思考的员工，每天只是机械地做着日常必须要做的事情，很难从工作中获得一点乐趣，更难的是从工作中提高自己。只有当你经常思考了，你才会意识到自己在哪些方面做得出色，在哪些方面做得还不到位。只要你是一个善于思考、勤奋的员工，就一定会有出人头地的那一天。

核心竞争力如同战场上一把锋利的刀，利用它可以轻易地划开机遇的口袋。在非洲草原上，每天清晨，当羚羊睁开眼睛，所想的第一件事就是：我必须跑得更快，否则就会被狮子吃掉。而在同一时刻，狮子从睡梦中清醒过来，首先闪现在脑海里的是：我必须跑得再快一些，这样才能追上更多的羚羊，否则我就会被饿死。羚羊和狮子一跃而起，都迎着朝阳快速地奔跑，新的一天就这样开始了，这就是生存压力下的竞争。

竞争的表现形式多种多样。像自然界中大鱼吃小鱼，小鱼吃虾米的竞争模式，竞争让物种得以进化和发展；竞争不仅仅存在于自然界中，自从人类社会诞生那天起，人类为了谋取生存和发展的空间，也一直存在着竞争。人类社会的历史可以说是一部竞争史，竞争推动着历史的车轮前进。

第 4 章

奋斗中瞬息万变, 发展中拥有魅力人生

人从古至今, 凡是成大事者都离不开良好的沟通, 沟通是联系人与人之间的纽带和桥梁, 它把人们紧紧地聚合在一起, 从而形成一股强大的力量。沟通同时也是能力的体现, 对不同的人就需要用不同的方式进行沟通, 不然只会事倍功半。只有学会了沟通, 我们的生活才会畅通无阻。

第一节　发展离不开良好的沟通

沟通有技巧

"沟通"，一说起这个词，肯定大家都会说，沟通，谁不会啊？我们每天不都在沟通吗？在公司，和领导、同事及下属沟通；在家里，和爱人、孩子及父母沟通；在路上和陌生人也要沟通；平时还要和客户、朋友进行沟通。我们一生中花费时间最多的也就是在沟通上了。但是，拿一名公司的管理者举例来说，经常会为和员工沟通不顺所惆怅，在工作中也会因为自己的意见不被下属所理解和认同而产生许多的问题。所以沟通是讲究技巧的，只有良好的沟通才会让你的付出收到事半功倍的效果。

沟通是人与人之间、人与群体之间感情与思想传递和反馈的过程，以便思想达成一致，感情沟通无阻。在为人处世方面，沟通是必不可少的，它对我们生活、学习、工作等都起着非常重要的作用。所以，了解沟通、学会沟通的技巧是人生的必修课程。

沟通能力从来没有像现在这样成为个人成功的必备条件。一个人成功的因素很大程度上都取决于沟通，少部分因素是天才和能力。而对于企业的管理者而言，人们越来越强调建立思考型的企业，越来越强调团队合作精神的重要性，所以说有效的沟通是成功的关键。而管理者有效地沟通又离不开熟练掌握和应用管理沟通的原理和技巧。沟通的原理包含以下几个方面：

一、沟通就像在冰上跳舞

看过花样滑冰的人了解，在花样滑冰时，双人滑冰更受人们的喜爱。因为双人滑冰需要两个人默契地配合，一方的舞艺、技巧的娴熟程度和对音乐的领悟等感受都会在第一时间内传递给另一方，让对方及时调整自己的步调，这是一个人所无法完成的任务。倘若说一个人说话只是为了传递信息而不考虑其他人的感受，那他只是在满足自己说话的欲望，并没有达到良好沟通的目的。

二、人随时都在沟通

亚里士多德说过："一个独立生活的人，他不是野兽，就是上帝。"没有人是可以单独生存的。人只要生存就需要与人沟通，和存在在周围环境的人、事、物进行沟通。无论是单独待在办公室负责分配任务的管理人员，还是在流水线上操作的技术工人，当他们工作时可能无法和其他人进行顺畅的沟通，但又有谁知道他们当时有没有和自己的内心进行沟通呢？

三、所有沟通形式所包含的因素都相同

不论是一对一的面对面沟通、电话沟通、书信沟通，还是多人参与的组织式沟通，总之沟通的过程都包括信息的发送者、信息、信息渠道以及信息的接受者等要素。把这些因素都整合起来，才算是做完一次完整的沟通过程。

四、信息的收发是互相影响的

发出信息的方式直接影响着接收信息的效果。比如，你讲述一件很重要的事情，但是你的表情凝重、语调深沉，对方可能就会感觉到事情可能很严重，也会用严肃的态度来对待你；相反的是，你用谈笑风生、语调轻松诙谐的样子讲话，那么对方也会表现出放松的状态。

五、沟通受环境的影响

沟通环境指的是，事先就已经存在并会一直延续下去的人和自然的因素。当人们在相互沟通的时候，有很多外在的因素会影响到信息的内容、发送以及对信息的理解。例如，一对好朋友正在房间里面谈心，其中一个人的母亲突然走了进来，那么两个人也随即停止了正在谈论的话题，就会说一些不疼不痒的事情，直到母亲离开为止。通常我们都会根据不同的谈话场所来选择讨论的话题，同时选择谈话的方式是直接的，还是含蓄的……这些自然和环境的因素对沟通的质量、深入程度都具有很重要的影响。

六、沟通的效果

人们已经对扑面而来的信息处于麻木的状态了，但真正有效的沟通不是立竿见影的，但最终也一定会产生一定的效果。所谓的效果，就是信息被接收，但是信息被接收的过程却远比我们想象中来得更加困难。例如，一个妻子会很善意地提醒她的丈夫："在双休日不要安排太多的社交活动，免得过于疲劳。"可她的丈夫却说："我让自己的生活充实一些不好吗？"于是双方因为南辕北辙的观点争吵起来。其原因就是妻子的好意被丈夫误以为是一种干涉。在现实生活中，这样的例子不胜枚举。

约翰是一档体育类知识测试节目的主持人，一向以提问习钻古怪的问题而闻名。有一次，他向一个现场的嘉宾提问，这位嘉宾就是足球界的专家。约翰问道："先生，您既然是足球专家，一定非常了解足球，对吗？"

专家很有自信地答道："的确是这样。"

约翰说："那么，这个问题，您也一定非常清楚，请问：足球门的球网上有多少个孔呢？"

专家一听，就知道不妙，这位主持人，分明是在为难自己。但是，他很镇定，不慌不忙地说了句："能问出这样的问题的人，说明您也是位大师级的人物了。"

约翰闻听此言，立即面露喜色，扬扬得意地答道："那是当然。"

专家接着说："那么，您一定知道保塞尼亚斯是谁了？"

约翰回答道："保塞尼亚斯是古希腊一位能言善辩的哲学家。"

专家说道："您回答得完全正确，既然您这样了解他，一定知道关于他的一件事情。雅典的首席执政官听说保塞尼亚斯很有口才，想当众考他一下，于是就请他出席贵族会议。首席执政官让每个贵族议员提一个难题，然后让他用一句话来回答所有的难题。贵族议员一个接一个地提了几十个难题，而保塞尼亚斯只用了一句简单的话就回答了所有的难题。您知道他说的是一句什么话吗？"

听到这里，约翰哈哈大笑起来，说道："这么多的难题，他只能回答'我不知道'了。"

专家也笑起来，说道："您回答得完全正确，他确实是这样回答的。那么，关于您刚才提到的问题，我也只能用以上这几个字来回答了，'我不知道'。"约翰没想到专家会突然回击，只得自嘲地笑笑说："不好意思，我也只能用保塞尼亚斯的那句话来回答，我不知道。"现场观众爆发出善意的哄笑声，不得不佩服这位足球专家的机智。

如果人们在沟通的时候考虑更多的是自己的意思，而忽视了传递的信息是否能被其他人所接受，这样就会影响沟通的效果。

良好的沟通是必备的能力

春秋时期，孔子带领着学生在周游列国的途中，一匹驾车的马脱缰跑开了，还吃了一位农民的庄稼，于是这位农民就把马扣下不肯归还。弟子子贡能说会道，于是他自告奋勇地前去交涉，结果子贡和农民讲了半天的道理，也说了不少的好话，可是农民就是不还马，子贡只好灰溜溜地回来了。孔子见状，就笑说："拿别人听不懂的道理去游说，就像是用高级祭品去祭奠野兽，用美妙的音乐去讨好飞鸟，这怎么能行得通呢？"于是就让马夫前去讨马。马夫走到农民的跟前，笑嘻嘻地说："老兄，你看，你不是在东海种地的，我也不是在西海旅行的，我们既然碰到了一起，所以说我的马吃你两口庄稼也并不是什么大不了的事啊。"农民听马夫这样说，再看看和自己相同打扮的马夫，顿时觉得十分亲切，于是就十分痛快地把马归还给了他。

从古至今，凡是成大事者都离不开良好的沟通，沟通是联系人与人之间的纽带和桥梁，它把人们紧紧地聚合在一起，从而形成一股强大的力量。沟通同时也是能力的体现，对不同的人就需要用不同的方式进行沟通，不然只会事倍功半。只有学会了沟通，我们的生活才会畅通无阻。

21世纪是一个充满激烈竞争的年代，作为新时代的青少年，要想真正地屹立于世界的舞台，最大限度地实现自己的人生价值，就要不断提升沟通的艺术，这一点已经像会计算机，会开车一样成为当今社会上的人们生存的必备基本技能之一。沟通并不是一种本能，而是一种能力。换句话说就是，沟通不是人天生就具备的，而是在工作实践中培养和训练出来的。但也有另外一种可能，就我们生来具备沟通的潜在能力，但因为成长过程中遇到的种种原因，这种潜在的能力被暂时地压抑住了。所以，如果想要实现自己的理想，就一定要学会沟通。当一柄尖刀带着寒光向我们刺来时，不要害怕，不要慌张，勇敢地亮出长枪进行回击，准确地打落面前的寒光，那么站到最后的，就一定会是我们。

第二节　巧让发展变机会

荷马史诗《奥德赛》中有一句至理名言："没有比漫无目的地徘徊更令人无法忍受的了。"将计就计，化不利为有利。总的来说，有利与不利都是相对的，只要能够找到关键点，那么就有可能化不利为有利。运用博弈巧争锋，论辩有理无人敌。沟通需要智慧，在沟通中保持清醒的头脑，灵活运用逻辑思维，可以巧妙地把握论辩的方向和节奏，从而让自己始终处于主动的地位，在论辩中拥有取得胜利的机会！

先发制人，占据主动

战争讲究掌握主动权，谈判亦是。因为掌握了话语的主动权，通常就能够掌控整个谈话的过程。有句古语说得好：先发制人，后发制于人。快人一语，往往就能够抢占先机，赢得谈话的主动地位。这一策略掌握得好，就可以扭转乾坤，变不利为有利，收到意想不到的效果。

　　1972年12月，欧共体各成员国正在进行一场关于费用的谈判。英国首相撒切尔夫人在会议上首先表示，英国在欧共体中负担的费用过多，但一直没有获得相应的利益，所以要求将英国负担的费用每年减少10亿英镑。这个要求高得惊人，各国首脑们都出乎意料。半晌过后，首脑们提议只能削减2.5亿英镑，因为他们认为这个数字已经能够解决问题了。可是，"铁娘子"决心要为英国争取更大的利益，始终坚持原有的立场，于是谈判一时陷入了僵局。一方的提议是每年削减10亿英镑，而另一方只同意削减2.5亿英镑，差距很大，双方一时难以达成共识。

　　其实，这一切的结果早在撒切尔夫人的预料之中。她的真实目标也并不是10亿英镑，因为她自己也知道这是一个太高的数字，假如能够削减3亿英镑她就可以接受了。但她的策略就是先发制人，通过提出一个高价来改变各国首脑的预期目标。经过多方协商，欧共体最终同意英国的费用每年削减到4亿英镑。

　　由此可见，在谈判中先发制人，往往能获得令人惊喜的效果，轻松地达到自己的目的。在商业谈判中，先发制人这一策略同样有效。

避实就虚，巧妙化解锋芒

有时，言语的威力，常常会伴有飞沙走石，狂烈地向我们奔来。我们要学会处乱不惊，敏锐地避开这些沙石的袭击，巧妙地迎接风的袭击！

和别人谈话时，有时难免会遇到被质疑或者是被刁难的情况，选择避实就虚，往往可以带来意想不到的转机。美国在日本投下两颗原子弹以后，原子弹的巨大威力在国际社会上也同样引起了强烈的反响。这时美国媒体开始关注同样拥有原子弹技术的苏联。苏联到底有多少颗原子弹一时间成为美国新闻媒体的焦点话题。所以，当苏联外交部部长莫洛托夫到美国访问时，美国记者就迫不及待地问道："部长先生，请问苏联现在有多少颗原子弹？"这一问题明显涉及了国家机密。虽然莫洛托夫明显有些不快，但是为了避免其他记者在这一问题上的纠缠不清，他爽快地回答道："足够！"这一巧妙的回答，既避开了问题的锋芒，同时也保守了国家的机密，又回答了记者的问题，而且还显示了苏联国力的强盛，让这一尴尬的场景转化成了一次彰显本国实力的有利机会，可谓是一箭三雕。

生活中，面对别人的挑衅，倘若不想把双方的关系搞僵，不想把场面搞得太过尴尬，避实就虚的沟通技巧也是个不错的办法。

在民国时期，东北奉系军阀的统帅张作霖，对付日本人很有手段，所以日本人对他是又恨又怕。有一次，张作霖应邀参加一个宴席，几个在场的日本人知道张作霖出身土匪，是个粗人，对字画之类是一窍不通，于是就故意刁难他，请他即刻作一幅字画赠给他们。张作霖虽然性情粗狂，但也是个聪明人，他知道这些日本人是不怀好意的，目的就是想让他当众出丑。可是，张作霖却非常爽快地答应了日本人的要求。只见他走到桌前，大笔一挥在宣纸上写下了一个"虚"字，然后落款"张作霖手黑"。这让在场的所有人都面面相觑，一时之间不能理解其中的深意，几个日本人就更是摸不着头脑了。这时，张作霖的秘书立刻反应过来，他连忙在张作霖耳边低声的提醒道："大帅，您的'墨'字下边少写了一个'土'。'手墨'写成了'手黑'。"

这时，在场的很多了解张作霖的中国客人也很快明白了事情的原委。正当大家都为张作霖要如何收场而担心时，只见他拍了拍秘书的肩膀，然后大声训斥说："你以为我不晓得这个'墨'字下面还有个'土'字吗？我这是故意少写的，因为这是日本最想要的东西，我这叫'寸土不让'。"这一番话说完，立刻博得了满堂的喝彩，众人纷纷拍手叫好。几个日本人不但没有达到让张作霖出丑的目的，反而让张作霖趁机羞辱了一番，最后只得灰溜溜地离开了。

当我们面对困境的时候，一定要冷静分析事情的来龙去脉，做到处变不惊。在必要的时候，选择避实就虚。这样，就可以避开正面的攻击，将不利转化为有利的地位，达到全身而退或者击败对方的目的。

拟订沟通计划：选择有利的沟通时机

沟通的合适时机指的是已经具备沟通的客观条件，并且双方都有愿意进行对话的时候。在与下属进行沟通的时候，也要注意找准时机。

机遇与挑战按照道家学说，它是既相对又统一的，彼此相互依存，缺一不可。要想抓住机遇就必须敢于接受挑战，敢于挑战才会有机遇。机遇对每个人来说都是公平的，可机遇却很短暂，转瞬即逝。机遇来了，能否把握得住就看自己的能力了，这往往就影响了人的一生。有些人登上了顶峰，有些人迷了路。当然，人生也一样，面对的很多事情都很有挑战性。机遇能给我们带来成功、权利、财富、爱情……很多事件都是具有挑战性的，需要我们拿出足够的勇气去面对，把握机遇，敢于挑战，人生才会有所收获。

就像"打工皇帝"唐骏所说的："我觉得有两种人不要跟别人争利益和价值回报。第一种人就是刚刚进入企业的人，头5年千万不要说你能不能多给我一点儿工资，最重要的是能在企业里学到什么，对发展是不是有利，人总是从平坦中获得的教益少，从磨难中获得的教益多；从平坦中获得的教益浅，从磨难中获得的教益深。"一个人在年轻的时候总是要经历些磨难，如果能正确视它并冲出黑暗，那就是一个值得敬佩的人。最要紧的是要先练好内功，毕业后的这5年就是修炼内功的最佳时期，练好内功才有可能在未来走得更远。其实，没有钱、没有经验、没有阅历、没有社会关系，这些都不可怕。没有钱，可以通过辛勤的劳动去赚取；没有经验，可以通过实践操作去总结；没有阅历，可以一步一步地去累积；没有社会关系，可以一点一点地去建立。但是，失去梦想、没有思路才是最可怕的，才会让人感到恐惧，很想逃避。

人必须有一个正确的方向。不论你是多么的少年得志，不论你是多么的足智多谋，不论你花费了多大的心血，没有一个明确的目标，都会过得很茫然，逐渐地就丧失了斗志，忘记了最初的梦想，就会走上弯路甚至不归路，荒废了自己的聪明才智，耽误了自己的青春年华。

第三节　从箭矢到靶子

过程比结果更重要

　　每一次的成长都是生命的开始，每一次的进步都是生命的历练。我们深知每一次的新生都将伴随着阵痛，每一次的进步都将伴随着挑战，每一次的成长都将伴随着困难，甚至困境，可是我们依然选择了成长，我们渴望这一切尽快来临。我们勇于接受挫折、挑战困境，就像海燕张开翅膀迎接暴风雨的来临一样。暴风雨可以强化它的翅膀，挫折和磨难同样也可以历练我们的意志与成就。绝不允许生命停止不前，哪怕每天只进步一点点。因为在不久的将来，生命之花必将绚烂多彩，必将饱满通透。

　　人生就是一个体验的过程，生命本身就是一种体验。活着是对生命的一种诠释，创造才是对生命唯一的解释，因为生命无法承受之轻，因为生命拒绝接受平庸。人生的意义不在于我们占有了什么，而在于我们从中领悟到了什么。在如今的境遇中，我们的行为、思想和信仰，就是我们建造明天的原料。生命有如空谷的回音，你朝它呐喊什么，它就会回应你什么。生命的价值取决于我们本身的高度，除了自己，没有谁能让我们贬值，善于少走弯路的人，总有一个用头脑驾驭自己，盘算着走好每一步的聪明人，在生命的短暂和永恒的存在之间培养自我的情感和修炼心灵，这样才会拥有真正的价值和真实的幸福。

1984 年，东京国际马拉松邀请赛，一位名不见经传的山田本一获得了本次比赛的世界冠军。有很多人为此质疑过。在两年后的意大利国际马拉松邀请赛中，他再次获得了冠军。山田本一是怎样获得成功的呢？在接受记者采访的过程中，他是这样说的："每次比赛前，我都要乘车把比赛的路线仔细看一遍，并把沿途比较醒目的标志画下来，例如第一个标志是一棵大树；第二个标志是一家银行；第三个标志是一座红房子……就这样一直画到比赛的终点。比赛开始后，我就以百米的速度奋力冲向第一个目标，等到达成第一个目标后，又会以同样的速度朝着第二个目标冲去。40 多公里的赛程，就这样被我分解成这么几个小目标轻松跑完了。"

山田本一成功的秘诀就在于他将最终目标分成几个小目标，在每一个小目标里以最饱满的激情和动力去完成，从而达到最后的胜利。

人生就是一个过程，当然，也是有结局的。不同的过程，拥有不同的结局。很多人都像高速跑道上的一名司机，虽然能到达目的地，但身边仅存下的美好的东西已经屈指可数了。当你到达目的地的时候，你会发现你失去的要比拥有的更多。所以，当你确定目标后，就要像高速路公路上的乘客一样，在达成目标的同时，也能欣赏旅途中的美景，这才是我们生活的准则。你现在所失去的，在此之后不一定就能够找回来。现实中，有太多的人就像这位司机一样，当你把身边的人送到自以为是美好的目的地的时候，你已经失去了太多享受美好的机会了。就像是登山，登到山顶的那一刻固然可以让人欣喜若狂，但是攀登的过程也是让人感到充实和快乐的。实际上，不管是在山腰还是在山顶，都会有精彩的风景，山顶并非比山腰的景色美，在山腰至少还有一种向上的冲劲，一种向上的期望，而且人们总希望攀到顶峰，可是最美的风景不一定在山顶上。人越明白"过程"的重要，就越能够感受出"过程"的乐趣。器重"过程"，钟爱"过程"的人，不管遇到怎样的困难，不管吃多大的苦果，受了再多的累，他们也都能够坦然地面对，怡然自得，淡然处之。所以，在他们看来，不论发生什么事情，不论将来的结果如何，只要自己亲身经历过了，参与过了，付出过了，那就已经"享受"过了，也就满足了。至于结果会发展成什么样，那是别人评价和看待的事情了，自己并不会过分关注了。对于过分注重结果的人来说，转移一下注视点，变注重结果为注重过程。如此一来，我们就会发现生命过程中的每一步都蕴含着享受的幸福。金钱、权利等外表光鲜的光环，到头来也不过有如盲人摸象，没有完整的目标，完全没有必要因为它而错过了生命过程中的幸福。幸福是一种态度，一种过程，而不只是一种结果。结果和利润都是计划出来的，制胜取胜的是拼搏的过程，而不是"结果"。

沟通是成功的关键因素

美国沃尔玛公司总裁萨姆·沃尔顿曾经说过："如果你必须将沃尔玛管理体制浓缩成一种思想，那可能就是沟通。因为它是我们成功的真正关键之一。"

2000 年 10 月 19 日，美国食品和药品管理局的顾问委员会召开紧急会议，把 PPA（苯丙醇胺）列为"不安全"类药物，并严禁使用。原因是美国耶鲁大学医学院的一项研究报告表明，服用含有PPA的制剂容易引起过敏，心律失常、高血压、急性肾衰和失眠等严重的不良反应，甚至可能会引发心脏病和脑出血的并发症。2000年11月6日，美国食品和药品管理局发出公共健康公告，要求美国生产商主动停止销售含PPA药物成分的产品。

§ 内部沟通：

2000年11月17日上午，中美史克全体员工召开会议。中美史克总经理杨伟强向员工阐述了整件事情的前因后果，并宣布公司不会因此而裁员。此举赢得了员工空前一致的赞誉。这一天，全国各地的50多位销售经理全部被召回总部，危机管理小组做了深刻的思想汇报工作，以保障各项危机的应对措施都行之有效。当时，中美史克的员工面对着巨大的压力和挑战。他们最担心的就是被裁员。公司不裁员的决定无疑是给员工吃了定心丸。

§ 媒体沟通：

2000年11月20日，中美史克在北京国际俱乐部饭店召开了新闻媒介恳谈会。恳谈会上媒介最为关心的问题就是：康泰克等药品是否已经停产？中美史克如何看待这次PPA事件？此事件是否会影响中美史克在中国的投资，等等。首先，总经理杨伟强发表声明"维护广大群众的健康是中美史克公司自始至终坚持的原则"，并表达了"不停投资"的决心。公司发言人就康泰克和康德这两种药品制剂的停产和新产品开发等事宜作了详细的回答和解释。此后，以杨伟强为首的公司高层领导耐心地接受国内外媒体的专访，争取说话的机会。

§ 与经销商沟通：

11月18日当天，被迅速召回天津总部的全国各地多位销售经理，又带着中美史克"给医院的信""给客户的信"奔走全国各地。化解危机的行动也在全国各地按部就班地全面展开。在中美史克总部，公司专门培训了数十位专职接线员，专门负责接听来自客户和消费者的询问电话，做出了准确统一的回答来减轻疑虑。这项计划，于11月21日，15条消费者热线全面开通。中美史克将工作落实到各个职能部门，筛选出重要的沟通项目，组织团队研究和编写沟通材料。另外，公司不同阶层的主管分别和客户的有关部门主管也进行了直接对话，加强解释的力度，帮助一线人员顺利开展工作。

　　水流虽然很湍急，但却能在它所流淌过的地方留下痕迹，人的生命有的时候就像是泥沙一样，可能也会随着时间的流逝渐渐地沉淀下去。或许，你不会因为美好的明天而在继续拼搏下去，这样的你永远也不会见到明天灿烂的朝阳。所以，我们需要水滴石穿的精神，不断地积蓄自己的力量，当你发现时机还没来到的时候，那就把自己的力量储备起来，当你发现时机来临的时候，就能够一鼓作气冲破障碍，然后奔腾入海！当你在储备自己的力量的时候，虽然过程很漫长，但算是另一份收获。

　　生活不是竞赛，倘若每个人都把人生看作和自己的竞赛，那么他整个人的生活也都会全部变成奥林匹克竞赛。在生活中，每一个人都在竞争，每一个人都要发挥出最佳的状态，因为最后的结果至关重要。每一个人都会遇到数不尽的竞争对手，因为生活中的你要和每一个人不间断地竞争，他们虽然是你的竞争对手，他们会有摧毁你成功的机会，但是在这一过程中，丰富了你的阅历，发展了你的能力，收获了成长。这段历程就像从箭矢到靶子的距离，需要一个发展变化的过程，但同时也是你完成质的飞跃的历练。

第四节　顺畅沟通，提升技巧

建立畅通的沟通渠道

在现实生活中，人与人之间时常横隔着一道无法逾越的、无形的"墙"，妨碍彼此之间顺畅的沟通。即便现代化的通信设备非常的完善，但是也无法穿透这种看不见的"墙"。沟通是生活中不可缺少的一部分。在我们的生活中，通常平易近人的沟通方式能够较好地和他人沟通。

倘若沟通的渠道长期被阻断，信息得不到交流，感情得不到沟通，关系得不到协调，那势必是会影响工作的，甚至也会阻碍企业的发展进度。仔细分析下来，我们可能会随时看到这种"墙"的存在。我们今天面临的是一个正在走向全球高速发展的社会，每一个人都必须和群体保持着紧密的联系，沟通能力势必会成为未来世界竞争中最重要的武器之一。但作为企业的管理者，在努力提高自身的沟通技能的同时，也不要别忘了在工作中把沟通的"管道"工作维护好。

英国著名的哲学家培根说过："当你遭到挫折而感到愤懑抑郁的时候，向知心朋友的一席倾诉可以使你得到疏导；否则，这种压抑抑郁会使人致病。"在人际交往的过程中，我们可以及时地宣泄自己的愤怒、不平、委屈和烦恼，这样可以排解心中的郁闷，从而得到别人的帮助和安慰，这样可以减轻心灵的痛苦和孤独，获得安全感和归属感，进而减少心里的恐惧、减轻心理压力，消除心理饱和，减少诱发身心疾病的内部因素。而且，我们也可以从与对方的交谈中受到启迪和顿悟，重新激发自信，找回往日的快乐，重新获得心理平衡。

英国学者帕金森有一个著名的定律——帕金森定律：因为未能沟通而造成的真空，将很快充满谣言、误解、废话与毒药。在家庭之间，朋友之间，人与人之间，无处不需要经常性的沟通和经常性的交流。沟通对事业尤为重要，没有沟通，整个组织团体就不会有凝聚力和向心力；没有沟通，就不会有双方合作的意愿；没有合作，也就不会有团队；没有团队，也就不会有发展；没有发展，也就没有市场；没有市场，也就不会成功……所以说，沟通是联系感情的纽带，是通向友谊的桥梁，是事业成功的基石。

微软公司十分注重快捷而有效的沟通方式。微软公司几乎所有的员工都集中在公司大片绿树成荫的"校园"内——位于西雅图以东 1.6 千米的华盛顿特区雷德蒙德。虽然公司发展的趋势迅猛，也增加了大量的新员工，但是公司仍然竭尽全力保持小公司的格调。很多员工都把电子邮件当作直接公开交流的一种重要的社交手段。员工们被允许，而且也的确是在使用电子邮件和比尔·盖茨以及其他管理人员针对许多问题进行交流沟通，而且常常很快就会收到回复。

沟通效率的提高技巧

§ 沟通要有明确目的

在沟通以前，管理者要弄清楚进行这个沟通的真正目的是什么，要让对方理解什么。不修边幅的沟通就是通常意义上的聊家常，也是无效率的沟通。在确定了沟通目标后，就要决定沟通的内容，要围绕着沟通要达到的目标进行全面的规划，也可以根据不同的目标选择不同的沟通方式。

§ 善于聆听

沟通不仅仅局限于说上，而是说和听的完美结合。一个效率高的听者不仅能听懂话语本身所表达的真正含义，而且还能迅速地领悟到说话者的言外之意。只有聚精会神地听，全身心地投入判断和思考，才能领会到讲话者的根本意图。只有领会了讲话者的意图，才能够选择恰当的语言来说服他。从这个意义上来说，"听"的能力要比"说"的能力更为重要一些。

渴望被理解是人在交际发展中的一种本能。当讲话者感觉到你对他的言论很感兴趣的时候，他通常都会非常高兴和你作进一步深入的交流。所以说，有经验的聆听者通常会用自己的语言向讲话者阐述他所听到的谈话内容，好让讲话者确信对方已经听到并且已经完全理解了讲话者所说的话。

§ 避免无休止的争论

沟通过程中不可避免地要存在分歧，也就是所谓的争论。无休止的争论当然总结不出恰当的结论，而且也会被吞噬进时间的黑洞里面。停止这种争论的最好办法就是改变争论双方的立场。在争论过程中，双方都认为自己和对方在所争论的问题上，双方的地位是平等的，关系也是对称的。从系统论的角度来说，争论双方形成的对称系统，是最不稳定的，而解决问题的关键在于把这种对称关系转化为互补的关系。例如，一个人最终选择放弃自己的观点或者是第三方的介入。

§ 善用幽默走近他人

幽默像是一座桥梁，能拉近人与人之间的距离，弥补人与人沟通之间的嫌隙。在日常生活中，人与人之间在交技发展的过程中难免会发生摩擦、误会，但是运用幽默就可以很顺利地消除对立的情绪，消除不愉快，达到和谐的最佳效果。

有这样一则故事：古希腊著名哲学家苏格拉底一次在家中会客，他的妻子因为一点小事就开始大吵大闹。苏格拉底好言相劝，可是他的妻子不但不听，反而变本加厉地把半盆冷水都泼在了他的身上，客人见状都非常的尴尬，可是苏格拉底却淡然一笑说："我早就预料到了，雷声过后就是倾盆大雨。"这样简单的一句话，让在场的客人无不捧腹大笑。

所以说，幽默是一门艺术，恰当应用幽默可以收到意想不到的效果。主持人用一句幽默的话语，就可以活跃晚会的气氛，让观众对晚会产生浓厚的兴趣；老师用一句幽默的话语，就可以活跃课堂的气氛，调动同学们的学习积极性；同学们恰当地运用幽默，可以给别人留下好印象……幽默还可以拉近人与人之间的距离，让陌生的心灵变得更加的亲近，以最简单的方式融入社会的圈子，并发展成为主要角色。幽默能让我们永远置身于一个轻松愉快的环境中，与人一起谈笑风生，沟通感情，融洽气氛。

§ 巧妙地令别人觉得重要

人们有一个非常普遍的特性——就是渴望被承认，被了解。你希望自己在人际交往中做到游刃有余吗？那么，请尽量让别人意识到自身的重要性。请记住，你越让别人觉得自己重要，别人对你的回报就会越多。不要忘记，别人看待自己的时候跟你看待你自己一样的重要。

§ 巧妙地与别人交谈

倘若你在谈论自己的时候将几个能够给你带来满足感的词放弃掉，你的个性、你的魅力、你的影响力和号召力就会被大大提高。另外利用人们关心自己的这一特点，让他们谈论自己。你会惊奇地发现，人们会热衷于谈论自己胜过谈论任何一个话题。所以，在你和别人谈话时，寻找恰当的时机，并且巧妙地引导对方谈论他们自己，这样你就可以成为一个受人欢迎的聊天伙伴。这一技巧是与人建立良好的人际关系的开端。

§ 巧妙地赞美别人

人活一世，不仅仅是为了生存的面包，人们也更需要获得精神食粮。多说些称赞别人的话，人们也会因此而更加喜欢你，而你自然也会因此而受益无穷。让我们慷慨些，不吝啬自己的辞藻，去赞美他人。但是要注意几点：要真诚，如果这种赞扬不真诚，还不如不说。赞扬事情本身，而不是赞扬本人。这样可以避免偏袒或者混淆事情本身的真相原委。赞扬要具体些，要细致些，而不应过分地夸张，要掌握分寸。

第五节　以后退的姿态求发展

逞一时的口舌之快，有时要比在战场上来得更加让人惊心动魄。在你来我往之间，这不仅仅是一场口才的对决，更是一场关乎智力的对决。倘若不幸顺着别人的思路，那就进入了别人为我们设好的陷阱里去了，这时我们也不要慌张，要善于抓住对方的漏洞，进行有效的回击，相信我们一定会反败为胜！

清朝大学士刘墉，是一个巧舌如簧的人。他心思缜密，机智敏捷，所以，乾隆皇帝很喜欢和他在一起说话。

有一次，乾隆召刘墉入宫。待刘墉行跪拜之礼后，乾隆问道："刘爱卿，朕想问你一个问题。"

刘墉答道："皇上请讲。"

乾隆道："何为忠孝？"

刘墉答道："君叫臣死，臣不得不死，为忠；父叫子亡，子不得不亡，为孝。是谓忠孝。"

乾隆听完刘墉说的话后，就对他说："好，今天朕就赐你一死。"

刘墉知道乾隆是存心刁难，他想了一想，就跪下磕了一个头，然后说道："君叫臣死，臣不得不死啊。"说完，站起来就向大殿外面走去。

实际上，当乾隆看见刘墉走出大殿门的时候，心里就开始有点后悔了，觉得这个玩笑开得有点过头了。可是，倘若现在不让刘墉去赴死，那自己身为皇帝，金口玉言，实在是不能就这样算了。所以，只好眼睁睁地看着刘墉走出殿门。

可是，没过多久刘墉就回来了。乾隆看见了，喝声问道："大胆刘墉，你为何没死？"

刘墉回答说："皇上，臣准备投河就死，结果还没有来得及跳，就遇到了屈原的冤魂。屈原把臣痛打了一顿，他说他那时候赴汨罗江而死，那是因为楚王昏庸无能，如今皇帝贤德圣明，太平盛世，怎么能就这样死去。臣冷静下来一想，倘若自己真去跳河而死，实在有辱皇上的贤德圣明，一样是欺君，于是就又回来了。"乾隆一听，哈哈大笑，赦免了刘墉。

当我们面对唇枪舌剑、刀光剑影的时候，一定要用智慧巧妙地予以回击，把对方的招数一一化解掉。这样，既能保全了自己，又能够获得对方的尊重。

知难而退，独辟蹊径

机遇总是留给那些时刻准备发现它的人。在前往成功的路上，可能会遇到许多的阻碍，让你感到竞争实在是太过于残酷，恐怕自己也会有承受不住的时候。果真是这样的话，你不妨放弃这条艰难的小路，去创造一条属于自己的康庄大道。鲁迅先生说得好："世上本没有路，只是走的人多了，自然就成了路。"在服装设计界有这样的一条定律：一种事物如果很快就被人们所接受，并开始流行开来，那么这种事物也会很快就被淘汰掉。实际上，不仅在服装设计界如此，商品经济的竞争战场更是如此，人们蜂拥而至地挤进同一个领域，势必就决定了这个领域的竞争将会异常得残酷。

19世纪中叶，美国传出了加利福尼亚州有金矿的消息。霎时间，大量的美国人携带着他们的黄金梦开始涌入加州。正值20岁青春年华的史蒂夫也紧随着大批的淘金者来到了加州，也准备开始他的淘金生涯。

可是加州并没有带给他所期待的东西。越来越多的美国人开始涌入加州，开采到金子的概率自然就越来越困难了。可是更加糟糕的还是加州的天气，异常的干燥难耐，水源极度缺乏，多数的淘金者不但没能如愿以偿地挖到他们所期待的黄金，反而葬身此地。但是在如此残酷的现实面前，人们还是不愿意放弃淘金的美梦，依然在狂热地开采中，所以也就直接导致了大量的人继续涌入加州。

史蒂夫也像其他的淘金者一样，在经过了一段时间的努力后依然没有找到黄金，反而还差一点在饥渴中丢掉了性命。有一天，看着水袋中仅剩的那一点点水，听着周围人对于水资源缺乏的抱怨，史蒂夫突发奇想：看来淘金的希望实在是太渺茫了，还不如去卖水呢。他这样想着，但也的确就这样去做了。之后，他就拿起手中的工具，不是在继续开采金矿，而是开始着手挖水井。史蒂夫经过持续的努力，终于在挖了几天以后看到了清澈的地下水涌出来，他把水装在桶里，挑到山谷卖给那些饥渴难耐的淘金者。虽然当时有很多人都不理解他的做法，甚至开始嘲笑他胸无大志，历经千辛万苦地来到加州只是为了卖水，但是史蒂夫仍然把他的卖水事业继续做了下去。

不久之后，口袋里的金钱就证明了史蒂夫放弃淘金的想法是正确的。虽然他没能挖到黄金，但是却得到了实实在在的收入。结果，大量的淘金者空手而归，而史蒂夫却在短短的时间内就赚到了6000美元。在当时这可不是一个小数目。

能够独辟蹊径是很多著名的商人一个共同的特点。在《晋商兴衰史》中记载着这样一个故事：

在明代，盐的运销实行开中制。所谓开中，就是指政府控制盐的生产和专卖权。依据边防的需要，定期或不定期地出榜招商，应榜商人就必须把政府所需要的实物输送到边防卫所，这样才能取得贩盐的专卖执照"盐引"，然后在凭借着"盐引"去指定的盐场那里取盐，并在指定的区域内销售。当时，销量最多的就属两淮盐。凡两淮盐商，须输纳实物（粮食等）到甘肃、宁夏等边防卫所，然后才能领取"盐引"，凭借盐引在两淮盐场取盐。大体一引可兑换盐200斤。但是，因为官僚腐败、势豪奸绅上下勾结，强取豪夺，一般盐商即便是持引也不能在盐场及时取到盐，有时甚至还要等上数年或者数十年。加之，还要向各级官僚缴纳贿赂，这让两淮盐商的利益大受影响，以致于亏赔不支，被迫退出了盐商界。

有一位商人范世逵，在他分析了整个盐界的形势后，却认为输粮换引"奇货可居"。于是，他放弃了世代经营的农商业，开始打通盐业相关市场。他亲赴关陇等地方，顺便了解地理交通。日后，他不去和盐商竞争，而是在这一带专门经营起粮草，或购进，或销售，或囤积，生意做得很红火，数年内就获利颇丰。

机遇总是留给那些能够准备随时发现它的人。要能够独辟蹊径，哪怕这条路上有再多的困难，只要你认为这条路行得通，不如就放手一搏。

战争不光靠勇，更需要谋

现代的商业竞争和职场竞争都是一样的残酷。三十六计中孙膑的"围魏救赵"一计，从过去的军事上的应用延伸到现代商业的竞争之中去，得到了越来越广泛的应用。"围魏救赵"的故事，带给了人们不少的启示，战争不光要依靠英勇，更需要谋略，而现代的商业竞争和职场竞争也都是这样的。重温历史，也会让我们更明白其中的道理。

公元前 353 年，魏国派遣精通兵法的庞涓率兵围攻赵国的都城邯郸（今属河北），赵国无力抵挡，向齐国求救。齐王任命田忌为将军，孙膑为军师，出兵援救赵国。

田忌的意见是率领大军直接奔赴邯郸，可孙膑却献计说："要想解开这杂乱的局面就不应该生拉硬拽，就像想要劝阻别人打架就不能一块儿动手是一个道理。避开强势的锋芒，攻击空虚的部位，利用有利于我方的优势迫使他们不得不停止进军，这样事情就会自然解决了，而我们也无须耗费太大的力气。现在魏国攻打赵国，精锐部队都在外面，而留下守城的全部都是些老弱残兵。将军不如率领军队直接攻打魏国的首都大梁，那么魏国必然会撤军自救，这样我们便能一举解决了赵国之围的困境，而且还可坐享以逸待劳之利。"田忌听从了他的建议，魏国果然是撤军了，回来救大梁。齐军在庞涓班师回朝之路必然要经过桂陵（今河南长垣西北），在这里伏兵截击，必然大败魏军。

"围魏救赵"变攻坚为击虚，变被动作战为养精蓄锐，变按部就班为出其不意，比直趋邯郸参战高明得多。从此就留下了三十六计中"围魏救赵"的经典计谋。

随后，公元前 349 年，魏国与赵国联合攻打韩国，韩国向齐国求救。齐国派田忌、田婴、田盼为将，孙膑为军师，仍然采取攻其必救的作战方法，率军直趋大梁，迫使攻打韩国的魏军回救。和桂陵之战不同的是，魏国以太子申为上将军，庞涓为副将，率兵 10 万，东出外黄（今河南兰考东南），不但要决心击败齐军，而且还确定了乘势吞并营地的战略。孙膑就对田忌说："魏国的军队向来自恃强悍勇猛而蔑视齐军，认为齐军懦弱胆怯。善于用兵的人就应该利用其骄傲的情绪而让事情的发展朝着利于自己的方向发展。兵法上说：'急行百里同敌人争利，主将就有受到损折的危险；急行五十里同敌人争利，部队就会只有半数兵力赶到。'"所以，孙膑定下了减灶增兵的策略。齐军进入魏国边境之后，首先垒筑起十万个锅灶，第二天垒筑起五万个锅灶，第三天垒筑起三万个锅灶。庞涓率军回国后，追赶齐军走了三天，非常高兴地说："我早就知道齐军懦怯，进入我境才三天，它的士兵就已经逃亡过半了。"于是，他丢下步兵，率领精锐骑兵昼夜兼程地追赶齐军。

孙膑算好了庞涓的行程，料定他天黑时就应当到达马陵。马陵道路狭窄，两旁多为险崖峭壁，可以设计埋伏。孙膑就命齐军刮去一棵大树的表皮，在其露白之处写下"庞涓死于此树下"字样。与此同时，田忌派遣万名士兵持弓箭伏于道路两旁砍倒的树木后面，约定夜里看见火光亮起，就万箭齐射。庞涓在天黑的时候果然不出所料地追到马陵，站在那棵树下，发现树干露白之处写有字迹，便让人点燃火把照亮写字处。他还未读完，齐军骤然间万箭齐发，魏军顿时就乱作了一团，彼此之间失去了联系。此时庞涓才知道自己中了敌人诱兵之计，但是失败已成定局，羞愤之下便自杀而死了。

出其不意，攻其不备，以退为进，是兵家历来用兵的经验。做事情不一定要直奔目标。历史上很多实例告诉我们，战争不是兵力强大就能够获胜，关键在于统率者如何调动自己的军队，辗转回旋，诱敌深入。

有一天，素有森林之王之称的狮子，走到天神的面前说："我很感谢您赐给我如此威武雄壮的体格、如此强大无比的力量，让我有足够的能力去统治整个森林。"

天神听后，微笑地问："但是这不是你今天来找我的真正的目的吧？看起来你似乎正为某事而困扰呢。"

狮子轻吼了一声，说："天神真是了解我啊！我今天来的确是有事相求。尽管我的能力再好，可是每天鸡鸣的时候，我总是会被鸡鸣声给惊醒。神啊！祈求您，再赐给我一种力量，让我不再被鸡鸣声给吓醒吧！"

天神笑着说道："那你去找大象吧，它会给你一个满意的答案的。"

于是，狮子兴冲冲地跑到湖边找大象，还没见到大象，就听到大象踩脚所发出的"砰砰"的响声了。狮子加速地跑向大象，却看到大象正气呼呼地踩着脚。狮子见状就问大象："你干吗发这么大的脾气？"

大象拼命地摇晃着大耳朵，怒吼着："有只讨厌的小蚊子，总想钻进我的耳朵里，害得我都快痒死了。"

当狮子离开了大象，就在心里暗自想着："原来体型这么巨大的大象，也会有怕那么小的蚊子的时候，那我还有什么好抱怨的呢？毕竟鸡鸣也不过是一天一次，可蚊子却是无时无刻不在骚扰着大象。这样一想，我可比它幸运多了。"狮子一边走，一边回头看着仍在气得直踩脚的大象，心想："天神要我来看大象的情况，应该就是想要告诉我，谁都有遇上麻烦的事情的时候，而天神无法帮助所有人。既然如此，那我就只好靠自己了。反正以后只要鸡鸣，我就认为鸡是在提醒我该起床了，这样想来，鸡鸣声对我还算是有益处呢！"

　　狮子从遇到的烦恼中学会了该如何处理生活中不顺心的事情。事实的确是这样，不管你多么强大，总会有遇到不如意的事情的时候，与其为那些不如意的小事而耿耿于怀，还不如选择换一种心态去看这件事。就像日本著名企业家松下幸之助所说："你要感激欺骗你的人，是他增加了你的见识；你要感激遗弃你的人，是他教导你应自立；你要感激绊倒你的人，是他在强化你的能力；你要感激斥责你的人，是他增长了你的智慧。所有的一切，你都应该能够从中学习到好处。"人活一世，不可能每件事都是按照自己的意愿发展，在强大的困难面前，我们不妨以后退的姿态避其锋芒，转化利己的优势，从中寻求自己的发展、突破。

第 5 章

奋斗中注重细节，成功中缩小失败差距

鲁迅曾说："巨大的建筑，总是由一木一石叠起来的，我们何妨做做这一木一石呢？我时常做些零碎事，就是为此。"人也是如此，有时候不必要做些轰轰烈烈的大事，要多重视细节，因为细节决定成败。只有把握了每一个细节的人，才能获得成功。伟人的成功源自于从细节处入手，着眼于小事，从小事思考。

第一节　"大丈夫"当拘小节

细节是成败的关键要素

鲁迅曾说："巨大的建筑，总是由一木一石叠起来的，我们何妨做做这一木一石呢？我时常做些零碎事，就是为此。"人也是如此，有时候不必要做些轰轰烈烈的大事，要多重视细节，因为细节决定成败。

时光似水，岁月如梭。青年人要想在社会上立足所要做的第一件事，毋庸置疑，就是求职。同样是求职，有的人很容易就找到了工作，而有的人却总是找不到合适的工作。这是什么原因呢？事实上，影响求职成功与否的因素有很多，如学历、外在的形象、气质、细节等。在这些因素中，细节好像很容易就被人忽略，总是不被人重视，但它却是一个特别重要的因素。细节到底是什么呢？所谓细节，就是指"细小的情节或环节"，而不是指琐碎的事情及无关紧要的行为。

在许多人眼中，成功只是一种偶然的机遇，一种好运气。而查尔斯·狄更斯曾在他的作品《一年到头》中写道："天才就是注意细节的人。"天才就是注重细节的人，这绝不是天方夜谭，有很多成功者都很注意细节，而伽利略发明了天文望远镜正是因为注意了细节。

一个荷兰眼镜制造商有一个非常活泼的儿子，当然，他也是伽利略的好朋友，两个人之间素有来往。眼镜制造商的儿子在和小朋友们玩耍的时候，偶然间把两个镜片叠加在了一起，然后通过镜片去看远处的教堂。他万分惊讶地发现，远处教堂的影像，一下子就被拉近了。于是，他让小朋友们都过来看，小朋友们也都看到了这个让人惊讶的现象。于是，眼镜制造商的儿子就跑到房里把父亲请了出来，在他的父亲看过之后，也同样感觉到惊奇。之后，他就去向伽利略讨教，伽利略马上也意识到这一发现很重要。后来，伽利略就根据这一重要的发现制造出了第一台做工粗略的天文望远镜。人们就是利用了这架天文望远镜，在现代天文学上有了更伟大的发现。

以上的故事告诉我们，注重细节就可以成就人生，改变人生的平凡命运。事实上，在生活中这类故事可以说是举不胜举。所以，不要认为伟人就只会做惊天动地的事情。实际上，有时他们也会因为关注细节，从而一步步地走进成功的殿堂。所以说，细节决定成功，细节改变人生。对于青年人来说，要想成功地步入职场，有一个满意的工作，就要在求职的时候关注一些细节。下面的故事，就是最好的说明：

学校在招聘教师，许多人都跃跃欲试，但是这个学校只需要招一个人。谁能在众多的应聘者中崭露头角，成为幸运者呢？

面试开始了，几位应试者都做了全面的准备。在上课铃响之后，应聘者们自信地走上讲台，师生互相致意之后，就开始讲课……

其中，一位应试者为了避免这种"满堂灌"的授课方式，也像前几位应试者一样设计了几道课堂问题，但学生们的反应并不是很理想。这名应试者觉得自己的表现并没让评委满意，于是就认定自己肯定会落选。

谁知道在第二天，这位认为自己没有希望的面试者却出乎意料地接到了录用的通知。这是为什么呢？在工作了一段时间以后，和校长熟悉以后，他就问校长为什么选中了他。校长意味深长地说："实话实说，试讲的时候你的表现的确逊色于其他人。但是在课堂提问的时候，你叫的是学生的名字，而不是他们的学号，更不是用手指，这就说明你很尊重自己的学生。想想看，倘若一位老师都不愿意了解自己的学生，也不尊重自己的学生，那他怎么可能把学生教育好呢？你是唯一一个喊出学生名字的人，所以你是幸运的。"

一个小小的细节，就让这个幸运的面试者找到了一份理想的工作。由此可见，细节决定求职的成败。但在现实生活中，一些求职者在求职的时候，总是忽略了一些细节。例如，在去参加相关部门组织的人才招聘会时，竟然穿着拖鞋就去参加面试，如此不注重自身素质和外在形象的人，只能给人留下不成熟的感觉，甚至让用人单位怀疑这样的人在进入公司后是否能够严格地要求自己，胜任要负责的工作。所以，对于求职者来说，关注细节是最必要的。

注重细节也是一种尊重

有些人觉得"大丈夫不拘小节"，总认为要想成大事就要不拘小节，否则就会被琐事拖累，其实这种想法是不妥的。注意小节是对事情的周密安排的一种表现，是一种负责任的表现。例如，要招待一位客人，可能就要考虑接送客人用的车，在路上交谈些什么，安排入住在哪个酒店，甚至他喜欢抽什么烟都要仔细考虑，只有这样，才可能留给客人较好的印象。和陌生人初次见面，尤其要注意小节，因为它决定是否给人留下较好的第一印象。在生活中这种初次见面的情况往往会经常碰到，比方说和客户谈生意，和新朋友见面，招聘面试等。在见面之前，最好能对对方有个比较全面的了解，以便能在交谈中处于主动的地位。对别人的事先了解也体现了对对方的一种尊重，见面之后一句"我知道你很喜欢收藏，我也很喜欢集邮，找个时间要好好地向你请教"，相信这样说完后会立刻能引起对方的好感。在见面的时候，衣着打扮当然也不能忽视，不一定要非常的正规，只要得体就行。在参加婚礼穿身运动服肯定是不行的，而约朋友出外游玩，穿休闲类衣服就是最恰当不过了。和人约好见面，最重要的就是不要迟到。在交换名片之后看都不看就塞进口袋也是不妥当的。当然谈话的时候也一定要找机会谈一下自己，也不要忘了找机会让对方谈一谈他感兴趣的事。倘若要抽烟，最好要征得对方的同意。倘若你的任务是接待客人，要是能在他的酒店的客房里预先放一束鲜花和几句欢迎致辞，客人一到房间肯定会感到宾至如归的感觉。总之，我们做任何事情都要先考虑一下这样做的后果会不会妨碍到别人，是不是不尊重对方，那么许多细节的问题你就都能注意到了。

当然，尊重对方不等于迁就对方，对其百依百顺。在很多情况下，适当的拒绝也是必要的。人生最大的教训之一就是要懂得如何拒绝，有些活动并不太重要，徒耗宝贵的时间。而更糟的事情就是只忙于一些鸡毛蒜皮的事，这比什么都不干还要糟糕。要真正做到小心谨慎，只要你能够掌握好事情发展的节奏，做到适中和节制，你就会得到他人的青睐和尊重。能做到有理有节是难能可贵的，这将让你永远受益无穷。你要充分地利用自由、热情、关怀和尽善尽美的特质，决不要糟蹋了自己的高雅趣味。

注意小节，尊重对方。有些人总认为要成大事就不要拘泥于小节，否则就会被小节所拖累，其实这种想法是有欠妥当的。注意小节就是要对事情有周密的安排，这是一种负责任的表现。任何的成功都是从每一件小事，每一处细节中，一点一滴积累的。在以后工作中要从细节做起，从小事做起，尽心尽力。

第二节　细节是开启成功的钥匙

中国道家的创始人老子有句名言说得好："天下大事必作于细，天下难事必作于易。"意思是说做大事必须从小事做起，天下的难事必定都是从容易做起的。海尔总裁张瑞敏说过："把简单的事做好就是不简单。"伟大来源于平凡，往往一个企业每天需要做的事就是要每天重复着所谓简单而平凡的小事。一个企业即使有了再宏伟、英明的战略，如果没有严格把关、注重细节，也是难以成为现实的。"泰山不拒细壤，故能成其高；江海不择细流，故能就其深。"所以，大礼不辞小让，细节决定成败。事实上，现在的市场竞争已经到了细节制胜的时代。无论是涉及企业的内部管理，还是外部的市场营销、客户服务，任何的细节问题都可能关系到企业的前途。

细节来自于用心

美国现任国务卿鲍尔，他的出身背景、学历水平、相貌仪表均极为普通，但却在国内却倍受美国民众的推崇，成就了一番事业。探究其源头，和他本人注意细节的领导风格有着直接的关系。成功的领袖或管理者多数认为：大礼不辞小让，大行不顾细谨。身为领导人，眼光就要长远、关注大事而忽略细节。但是鲍尔却要求领导人也一定要注意细节，还要充分掌握信息的进出脉络。他在担任参谋首长联席会议主席时，这期间鹰派数次想发动战争，都是因为他能够提出详尽而精确的伤亡数字和代价而最终作罢。他认为倘若能掌握细节，就会做出独树一帜的决定。他说领导一定要清楚各部门间的具体状况，还要掌握一些信息的管理，他认为领导人倘若消息灵通就可以事前化解致命的伤害。

我们要用心留意我们工作的每一处细节，用心做好，俗话说：商场如战场。要求我们务必从一点一滴做起，每一个细节，每一个操作流程，都要规范化、细致化，不能有丝毫的马虎。这就要求我们自己必须做到扎实工作，用心服务，每一个细节都做好，让客户从细节中体会到来自于我们的用心。

细节来自于习惯

有句俗话说得好："播种行为，收获习惯；播种习惯，收获性格；播种性格，收获命运。"人的习惯就是一种潜意识，细节是成功中不可缺少的。做事就好像烧开水，99℃就是99℃，如果不再连续加温，是永远不可能成为滚烫的开水的。所以我们只有烧好每一个平凡的1℃，在细节中精益求精，这样才能真正达到沸腾的效果。不可轻视小事情，因为细节彰显魅力。曾有人这样比喻过：生命是一条奔流不息的河流，而习惯就是架在这两岸的桥。好的习惯通向希望，坏的习惯通向灭亡，习惯是伟大行动的指南。如果一个人习惯于懒惰，他就可能会无所事事地到处闲逛。而一个人习惯于勤奋的人，他就会孜孜不倦地克服一切困难，做好每一件事情。一只木桶的容量取决于它最短的一块木板；一个链条的强度取决于它最薄弱一节。

曾经看过一首关于《钉子》的小诗：丢失一个钉子，坏了一只蹄铁；坏了一只蹄铁，折了一匹战马；折了一匹战马，伤了一位骑士；伤了一位骑士，输了一场战斗；输了一场战斗，亡了一个国家。因为这样一个细小的铁钉而丢掉了整个国家，如此一个小的细节竟然改变了国家的命运。无数次的交通事故、安全事故都是因为忽视细节而产生的"蝴蝶效应"。

想想生活中和工作中的我们，每天都在重复做着一个又一个小的细节，在细节中奋斗着、拼搏着。细节就好像遇见时的一句问候，工作中养成的一个小小的习惯，安装机械时的一个细小的螺丝等。倘若不去认真品味，那么就很难将钉子和国家的命运联系在一起。仔细品味，你会惊奇地发现其中包含着一个伟大的哲理：细节决定成败，想要成功就要从细节入手，并养成良好的习惯。

只有把握了每一个细节的人，才能获得成功。妇孺皆知的海尔集团，它之所以能够成为世界上著名的品牌之一，就在于其对于每一个细节的把握。海尔的员工上门，总是有礼有节，从随身携带的鞋套、存放工具的小箱子，再到抹布，无一不体现海尔员工对顾客心理细节的把握到位之处，员工也将制度当成了习惯，正是以这样的细节，才成就了今天的海尔。

有些时候，细节就像涓涓的溪水。台湾首富王永庆在做米店生意的时候，别人在卖有杂质的米的时候，他卖的是剔除杂质的米；别人是在等待客人上门，而他不仅送货上门，还记下了每一家米缸的尺寸，人口的多少，正是这种"细致到点"的做法让他吸收了源源不断的财富，为他创立台塑集团奠定了雄厚的基础。袁隆平研究的杂交水稻，也是从一株天然水稻研究起来的；牛顿发现地心引力，也是从一个苹果的自由坠落研究起的。倘若他们当时没有把这个细微的现象进行仔细研究的话，恐怕也就没有了今天的成就。

我们每个人都有鸿鹄之志，我们都渴望通往成功的殿堂。但是，只有志向和理想还远远不够，我们必须从细节做起。当我们好高骛远，不切实际的时候，伟大也就不复存在了；当我们自甘平凡，认真做好每一个细节，或许成功就会不期而至。这就是细节的魅力。傅雷先生说得好："无论如何细小不足道的事，都能反映出一个人的意识与性情。修改小习惯，就等于修改自己的意识与性情。"成功不是一朝一夕就能实现的，它是由无数个小小的细节组成的，只有当你把每个细节都全面做到的时候，成功才会变得触手可及。

生活、工作中听到"差不多，大概是"的时候，失败往往就是因为这些"差不多"造成的。我们每天都在想着做大事，想着成功，可是太多的细节和小事都被我们忽略掉了。在芸芸众生中，每个人能做大事的实在太少，多数人的多数情况还只是做一些具体的事、琐碎的事、单调的事，也许会过于平淡，但这就是工作，这就是生活，也是成就大事的不可缺少的基础。很多情况下我们没有成功，不是我们没有付出艰辛的努力，而是因为我们忽略了一些细节。

每个人都说习惯很重要，其实习惯就是从细节中养出来的，把我们在细节中的行为当作一种习惯。如像我们的工作一样，在做任何事都要细心、认真，分清主次，把细节当成一种习惯，这样我们就会在自己的岗位上得心应手。细节，就是细微的环节或情节。细节因其细微，往往总是容易被人们忽视。其实，无论做事还是做人，无论工作、学习，还是生活，都不可以忽视细节。唯有重视每一个细节，不断修正、不断改善每一个细节，才可以到达成功的彼岸和理想的境界。

第三节　成功人生从细节开始

人们总是一味责怪命运的盲目性，然而命运本身就是以人们盲目性的活动作为主体的。天道酬勤，命运总是掌握在那些每天勤勉工作、注意细节的人的手中。就像是一位优秀的航海家总能驾驭得了大风大浪一样。通过对人类历史的研究，得出的结论表明，在成就一番事业的过程中，一些最平凡的品格，比如公共意识、注意力、持之以恒、专心致志等，往往起到了很大的作用。即便是天降英才也不能轻视这些品质的巨大作用，其他的品质就更不用说了。实际上，正是因为这些真正伟大的人物的励志故事，我们才相信寻常人的智慧和毅力的作用，而不会相信伟人的成功来自于他们天生的才干。

牛顿无疑是世界上伟大的科学家。当有人问他到底是通过什么方法得到那些伟大的发现的时候，他平淡地回答道："总是思考着它们。"还有一次，牛顿这样表述他的研究方法："我总是把研究的课题置于心头，反复思考，慢慢地，起初的点点星光终于一点一点地变成了阳光一片。"就像其他有成就的人一样，牛顿也是凭借着勤奋、专心致志和持之以恒的精神来取得成功的。他的盛名也是因为这样得来的。放下手里的这一课题而从事另一课题的研究，这就是他的娱乐和休息的方式，就像他说的，自己总是在思考着。牛顿曾对本特利先生说过："如果说我对公众有什么贡献的话，这要归功于勤奋和善于思考细节。"而另一位伟大的哲学家开普勒也这样说过："只有对所学的东西善于思考才能逐步深入。对于我所研究的课题我总是穷根究底，想出个所以然来。"他们的成功源自于从细节处入手，着眼于小事，从小事思考。

西点前校长潘莫将军说过："最聪明的人设计出来的最伟大的计划，执行的时候还是必须从小处着手，整个计划的成败就取决于这些细节。"

乔治·福蒂写道："1943年3月6日，巴顿临危受命为第二军军长。他带着严格的铁的纪律驱赶着第二军就像'摩西从阿拉特山上下来'一样。他开着汽车深入各个部队，辗转各个营区。每到一个部队都要训话，比如领带、护腿、钢盔和随身武器以及每天刮胡须之类的细则都要严格执行。巴顿由此可能成为美国历史上最不受欢迎的指挥官。但是第二军却发生了变化，它不由自主地变成了一支性格顽强、具有荣誉感和战斗力的部队……"

巴顿频繁地训话，强调例如领带、护腿、钢盔和随身武器及每天刮胡须之类的细节，即使让士兵们厌烦，但是却在不知不觉中让他们从细节中开始转变，并最终改头换面。我们不得不说巴顿强调这些细节都是有原因的。

巴顿努力训练士兵养成重视细节的习惯，使它变成像呼吸一样的自然的本能反应。伟大的成就来自于细节的积累，细节是让一个人从平庸到杰出的跳板。

忽视细节，或者是不把细节当回事的人，对工作也是缺乏认真严谨的态度，对事情也只能是敷衍了事。这种人无法把工作当成一种乐趣，而只是把工作当成一种不得不接受的苦差事。而注重细节、考虑细节的人，不仅会认真地对待工作，把小事做细，而且注重在做事的细节中寻找机会，从而让自己走上成功的道路。

大在小之中

那些真正伟大的人物从来都不会轻视日常生活中的各种小事情。即便常人认为那是很卑贱的事情，他们也都怀有满腔热情地去做。一个人，能一心一意地做事，世间也就没有什么做不好的事情了。这里所说的事，有大事，也有小事，所谓大事小事，只是相对而言。很多情况下，小事不一定就真的小，大事不一定就真的大，主要是在于做事者的认知能力。那些一心想做大事的人，经常对小事嗤之以鼻，不屑一顾。其实连小事都做不好的人，大事是很难成功的。

有位智者曾经说过这样的一段话，他说："不会做小事的人，很难相信他会做成什么大事。而做大事的成就感和自信心皆是由小事的成就感累计起来的。"可惜的是，我们平时往往忽略了它，让那些小事擦肩而过。"勿以善小而不为，勿以恶小而为之。"小事的可贵之处在于细微处见精神。有做小事的精神，就能产生做大事的气魄。不要小看小事，不要讨厌做小事。所以，从小事做起的工作，年轻时就应努力去做好。

人生的价值真正的伟大在于它的平凡，真正的崇高在于它的普通。

平凡，普通却又伟大而崇高。从普遍中显示出独特，从平凡中显示出伟大，这才是做人做事之道。

甘做凡人小事

不论哪一件事，只要从头至尾彻底做成功，那便是大事。人生的道路虽然漫长，但实际上紧要处也就只有几步。我们都是平凡的人，只要我们抱着一颗平常心，脚踏实地，持之以恒，我们就会有获得成功的机会。美国已逝的总统罗斯福曾经说过："成功的平凡人并非天才，他资质平平，但却能把平平的资质，发展成为超乎平常的事业。"成功的平凡人并不都是天才，他们大都资质平平，但却能把平凡的资质，发展成为超乎平常的事业。

有一位老教授说起过他的经历：在我多年来的教学生涯中，发现有很多在校时资质平凡的学生，他们的成绩大多在中等或中等偏下，没有什么特殊的天分，有的只是安分守己的诚实性格。这种性格的孩子在走上社会参加工作后，总是不爱出风头，默默地奉献。他们平凡无奇，甚至于老师和同学都不太记得他们的名字和长相。但却能毕业后的几年，甚至是十几年中，他们都能带着成功的事业回来看望老师，而那些原本看来有美好前程的孩子，却一事无成。

一个人倘若有了脚踏实地的习惯，具有不断学习的自我努力性，并积极为一技之长下功夫，那么成功就会变得容易起来。一个不断扩充自己能力的人，总是有一颗热忱的心，他们甘做平凡小事，肯干多学，多方面向人求教，他们出头较晚，却能在各种不同职位上增长见识，扩展能力，学到许多不同的知识。"跬步不休，跛鳖千里"，跛脚的鳖也能走在千里之外，因为它总是坚持不懈地向前走。

凡能成就一份事业，都需要付出坚强的毅力和耐性，你想坐享其成，那只能是白日做梦。你想凭借侥幸依靠运气夺取丰硕的果实，这样运气永远不会光顾你。或许你勤奋地工作，到头来却依然家徒四壁，一事无成。但是，你如果不去勤奋地工作，你就不会有成就。所以，倘若你想要成功，你就去做，马上就做，即使是件小事。成功的人永远比一般人做得更多，当一般人放弃的时候，他们还在寻找如何提高自我的方法，他们总是希望更有活力，产生更大的行动力。

品味细节，从小事做起，会更加强大，因为成绩和荣誉是一点一滴堆积起来的。对于细节要有一定的认知，能用细节来塑造团队的单位，是既聪明又成功的。身处成功团队的人们深知细节的好处，能灵活运用细节带来财富，从而让自己即使置身于瓦砾之中，也能闪烁出耀眼的光芒。一个单位要继续发展壮大，一个人要想取得成功，就得把握生命中的细节，酝酿过程中的细节，考虑细节，注重细节，细心工作，把小事做细，在细节中找机会，在细节中勇往直前，因为成功的人生从细节开始。

第四节　机遇藏于细节

细节是一种机遇　等待能够发现的人

一粒灰尘能有多大的作用呢？因为它，使得匹克林十几年的努力付诸东流。在天文学家洛韦尔预言在海王星外有一颗尚未发现的行星后，匹克林用望远镜进行拍照，观察了十几年，却一无所获。直到冥王星被发现后，他才瞬间记起自己拍的照片上曾经有这么一个点，只是当时他记得镜头上有粒灰尘，就在现如今冥王星的位置上。就是这粒灰尘，让第一张冥王星的照片静静地躺了整整 11 年，也让匹克林错过了发现冥王星的最佳的机会。同样是一粒灰尘，却让弗莱明发明了青霉素。在他之前，很多人都注意到了霉菌抑制葡萄球菌现象，可是大家却没能继续深入地研究下去。他在培育菌种的时候，飘来一粒灰尘，落到了培养皿中，结果受到污染的霉菌周围开始清澈透明，葡萄球菌繁殖区域的黄颜色也消失不见了。原来在灰尘中生成了青霉菌。就是这样，弗莱明发明了抗菌新药——青霉素。

有道是："夫祸患常积于忽微。"天下之事虽大，但却都必须要从小事做起，只有凡事从小事中做起，"防微杜渐"，才能避免"千里之堤，溃于蚁穴"的恶果。

东汉的陈蕃从小就立志要"一扫天下"，但却不从小事做起。朋友到他家做客，看见他的房间杂乱无章，所以劝导他要注重小事。陈蕃却反驳曰："大丈夫当扫天下，安事一屋。"这一狂妄的论断很快就遭到了友人的坚决反驳："一屋不扫，何以扫天下。"没错，大丈夫纵然有"一扫天下"的大志向，但也要有"扫一屋"从小事做起的态度，做起的精神。要知道：机遇藏于细节，细节决定成败，天下大事，必作于细。

这些无一不是在告诫我们：细节决定成败，凡事都从小事做起，切勿好大喜功。

细节是万事的根本，是成功的基石。但是，细节并不意味着只是注意一些无关紧要的小事，我们所理解的细节是拥有远大理想、抱负的，在崇高目标指引下的细节。只有重视这些细节，才能成就人生的伟业。忽视细节而看重目标就会令人感到迷茫，轻视目标而重视细节就会令人感到懈怠。细节是在目标指引下的细节，目标是以细节为基础的目标。空有细节而没有目标就会让心变得不明朗，空有目标而没有细节就会变得不明智。所以，我们要在拥有崇高目标的前提下，一切都从小事中做起，只有这样才能打开通往成功的大门。

关注细节更容易成功

细节的本质就是一种长期准备的过程，从而获得另外一种机遇。细节是一种习惯，是一种积累，也是一种眼光，一种智慧。只有保持这样的工作标准，才能注意到问题中的细节，才能做到让工作达到预期的目标而思考细节，才不会为了细节而寻找细节。在工作中，倘若我们关注了细节，就可以把握创新的源头，寻找到机遇，也就为成功奠定了基础。细节在工作、生活中无处不在，它往往出现在瞬间，善于把握机遇的人才会把握住细节，这需要用心的人才能实现。

当零售业的骄子沃尔玛的年营业总额荣获 2002 年美国乃至是世界企业的第一把交椅的时候，《财富》杂志的记者无不震惊地写道："一个卖廉价衬衫和鱼竿的摊贩怎么会突然成了美国最有实力的公司呢？"实际上，沃尔玛的成功并没有秘密，仅仅是因为他注重了细节。沃尔玛曾经以"天天平价"著称，但是今天的人们发现其实它的东西也并没有便宜多少，但是它的服务却是一流的。比如对于营业员的微笑，沃尔玛规定：员工要对三米以内的顾客保持微笑，甚至还有个量化的标准："请对顾客露出你的八颗牙齿。"为了提升服务的质量，沃尔玛规定员工必须认真地回答顾客的问题，永远不要说："不知道"。哪怕是再忙，都要放下手中的工作，亲自带领顾客来到他们所要找的商品的前面，而不是指个大致的方向就可以了事的。正是因为注重了这些小事和细节，所以才缔造了今天强大的沃尔玛帝国。同时也证实了一件事：那就是成功的机遇藏于细节中。

细节的积累产生伟大，这需要用心去实现，这就是细节的实质。倘若我们不能对发生在生活中瞬间的事情用心去发现、去创造的话，那么就可能会轻而易举地失去了成功的机会。"细节隐藏机会"，从某种意义上说，也就失去了细节的成功机会。一心渴望成就伟大，追求伟大，伟大却消失得了无踪影，甘于平淡，认真做好每一个细节，伟大就会不期而遇，这就是细节的魅力，是达到完成后的惊喜。所以，我们无论做人、做事，都要注重细节，从小事做起，从点滴做起，把小事做细、做好，并坚持就是成功。细节决定成败，小事成就大事，细节铸就辉煌。

细节也可以损害一个人。西方谚语中有这样的说法："魔鬼在细节中""一个钉子能毁灭一个王国。"中国古语则云："小处不渗漏，暗处不欺隐。"一个人，可以从细节上看到性格；一件事，可以从细微处预测成败。对一个人来说，一个小细节可以改变一生；对一个企业来说，一个小细节可以决定成败；对一个国家来说，一个小细节可以决定存亡。

台湾首富王永庆就是从细节找到成功机会的人，细节是一种创造，但创造不一定轰轰烈烈，惊天动地，"细致到点"，从细节中找到创新的机会——这就是王永庆成功的秘密："一心渴望伟大，追求伟大，伟大却了无踪影；甘于平淡，认真做好每个细节，伟大却不期而至。"让我们从小事中做起，因为机遇藏于细节。

有句俗话说得好："态度决定一切，细节决定成败。"所以说，成功的机遇在于细节中。在日常工作中，善于观察，注重细节，这样才能提高工作的质量。细节也来自于用心。就像有的人曾经说的那样："认真做事只能把事情做对，用心做事才能把事情做好。"机遇是留给有准备的人的，而他们的共同特点就是善于发现经常被人们忽视的细节，能把每一件小事尽量做到完美。我们在服务中所做的都是一些小事，都是由一些细节组成的，只有具备高度的敬业精神，良好的工作态度，认真对待工作的精神，把小事做细，才能在细节中找到创新与改进的机会。从而不断提高服务的质量。

第五节 细节创造成功效益

细节在创造成功者与失败者之间究竟有多大的差别？人与人之间的智力和体力上的差异并没有我们想象中的那样大。很多事情，一个人能做，其他人也能做，只是做出来的效果不一样。通常是一些细节上的功夫，决定着完成的质量。忽视细节，不把细节当回事的人，对工作缺乏认真的态度，对任务只能是敷衍了事。这种人无法把工作当成一种乐趣，而只是当成一种不得不受的苦役，因而在工作中缺乏热情。他们只能永远做别人分配给他们做的工作，甚至即便这样也不能把事情做好。而考虑到细节，注重细节的人，不但会认真地对待工作，将小事做细，而且还注重在做事的细节中找到机会，从而让自己走上成功之路。

伟大源于细节的积累

密斯·凡·德罗是 20 世纪世界上最伟大的建筑师之一，记者在采访中要求用一句最能概括他成功的原因的话来描述自己时，他只说了五个字——"魔鬼在细节"。

密斯在很大程度上相当注重细节，用他的话说是"细节就是上帝"。这一特点要归功于他父亲对他的技术的教导。虽然他从没有接受过正规的建筑学习，但他从很小的时候就随他的父亲学石工，对材料的性质和施工技艺方面有所了解，又通过绘制装饰大样掌握了绘图的技巧。同时，他用极为大胆、简单和完美的手法进行了设计创新，把建筑学的完整与结构的硬朗完美地结合在了一起。密斯并不是特别关注装饰原料的选择，但是他特别注意室内架构的稳固性。像弗兰克·劳埃德·赖特、勒·柯布西耶一样，密斯也特别注重把自然环境、人性化与建筑融合在一个共同的单元里面。由他所设计的郊外别墅、展厅、工厂、博物馆以及纪念碑等建筑都展现了这一特点。与此同时，密斯也重新定义了墙壁、窗口、圆柱、桥墩、壁柱、拱腹以及棚架等方面的设计理念。

他反复强调的是，不管你的建筑设计方案如何恢宏大气，如果对细节的把握不到位，就不能称之为一件好作品。细节的准确、生动可以成就一件伟大的作品，细节的疏忽会毁坏一个宏伟的设计。

细节能产生正效益，但也能带来负效益。任何一个细节上的错误，都可能造成不可弥补的损失。"千里之堤，溃之蚁穴"，中国企业界中的悲剧一再上演，三株、爱多、巨人、亚细亚，都是辉煌三五年，倒下也不过是三五个月的时间，而其根源就在于这些企业全都忽略了细节的问题，导致"蚁穴成堆"，最终毁了自家"大堤"。中国出口的上千吨冻虾仁被退货并被要求索赔，只是因为其中被检验出 50 亿分之一的氯霉素；美国哥伦比亚航天飞机刚发射几秒钟后即刻就爆炸，七名优秀的宇航员瞬间就失去了宝贵的生命，数亿元研究资金打了水漂，仅仅只是因为一块小小的隔热板的脱落……因为忽视细节而付出了太多的惨痛的代价，是该清醒地接受教训、重新审视自己的时候了。在这个充满竞争的社会里，细节才是决定成败的最重要的因素。注重细节，把小事做细那是必须应尽的职责。决策部门在决策时都要经过细致的调查、研究、分析、评估，全面综合性地考虑各种因素和可能出现的后果，严密、科学地做出正确的判断。而执行人员则被要求精益求精地做好自己岗位上的小事，担起责任，对规章制度不折不扣地执行。

全国税务系统征管工作会议上提出税收"精细化"管理的目标，"精细化"就是针对税收管理中的粗放管理提出的，提高税收征管质量和效率就是要从税收管理的每一个细节处入手，只有把税收管理中的每一个细节的事情都做好、做细、做深、做透，制度的精细化、程序的精细化、作风的精细化才能做到相互配合，服务工作才能打开局面，整个国家的税系统才能高效地运转起来，国税工作才能真正以纳税人的利益为出发点，执行人员才能在国税平凡的岗位上创造出不平凡。

"小"能成就"大"，"大事不迷糊，小事不遗漏"。平凡能铸就伟大。多数的年轻人都曾梦想着做一番大事业。实际上，天下并没有什么大事可做，有的只是一些小事。一件一件小事逐渐累积起来就形成了大事。任何大成就都是逐渐累积的结果。曾国藩曾说过："成大事者，目光远大与考虑细密二者缺一不可。"没有远大的目标，就会因此而迷失方向，但必须按照目标一步一步地走下去，才能有成功的可能。所以说，细节创造成功效益。人生价值真正的伟大之处就在于做好细节。只有从最细微、最细致的事物之中方能显示出成功的伟大，这才是最伟大的处世之道。

《传世言》中说："图难于易，为在于细。"意思是说要想完成艰难的事业，必须从容易之处着手；要想创建伟大的功业，必须从细微之处开始。年轻人应当有远大的抱负，这样才有可能成为杰出的人物。但是要想成为杰出的人物，还必须从最平凡的事情做起。在你还是默默无闻的时候，不妨试着暂时放低一下自己的物质目标或者是事业野心，做好一个普通人应该做的普通事，这样你的视野将会变得更加的宽阔，或许在这期间你还会发现许多意想不到的成功机会。大事做不了，小事又不愿意做的心理是要不得的。每个人的成功都是得益于细节的不断积累。所以，不要小看任何一项工作，没有人是可以一步登天的，当你认真对待了每一件小事后，你会发现自己的人生收益会变得越来越多。

从"点滴"做起

从"小事开始做"，是成大事者最常用的手段。列宁说："人要成就一件大事，就得从小事做起。"而有些人只是一心想着发财，但他不屑于赚小钱的积累，只一心想着赚大钱。结果，大钱和小钱都没有赚到。世界上许多的富翁都是从"小商小贩"开始做起的。只有扎扎实实地从小事情做起，这样从事的事业才会有坚实的基础。假如制定的超过实际情况的计划，到后来都是难以实行的。不如就在开始的时候，不要把目标定得太远，应从小处着眼。比尔·盖茨说："你不要认为为了一分钱与别人讨价还价是一件丑事，也不要认为小商小贩没什么出息，金钱需要一分一厘积攒，而人生经验也需要一点一滴积累。"就像许多大企业家就是从伙计当起的，很多政治家都是从小职员当起的，很多将军也都是从小兵当起的。

俗话说："罗马不是一日建成的。"做事需要有一个积累的过程。生活中的每一件事情都是由一些细节构成的，在竞争激烈的社会中决定成败的也是细节。"世上无难事，只怕有心人。"只有认真的工作态度，才会有卓越的成就。所以说，成功在于细节，细节创造成功效益。也许是因为仅仅一次不经意的小失误，就会让你与成功失之交臂，唯有认真细致的态度才是良方。做事要从大处着眼，从小处着手，看问题要识大体，掌控全局，做事情要具体，细致划分。想成就一番事业，就必须从小事做起，从细节处下手。

了解细节之精髓的人，是个聪明的人；用细节来打造自己的人，是个成功的人。俗话说得好："冰冻三尺非一日之寒。"摩天大楼都是一砖一瓦从平地砌造起来的，浩瀚的大海是因为小流小溪汇聚而形成的。只有从生活中的小事做起，一点一滴地做，事无巨细，这样才会有最后的收获与成功！细节是一种创造，细节是一种动力，细节表现修养，细节体现艺术，细节隐藏机会，细节凝结效率，细节产生效益。愿我们人人都能关注细节，养成良好的文明行为习惯及良好的学习习惯，成就灿烂辉煌的人生！

第六节　细节铸就成功人生

养成观察生活的习惯

　　什么是细节？就是那些看似普普通通的，却十分重要的事情。一件事情的成功和失败，往往一些不起眼的小事会对最后的结果产生很大的影响。细节往往决定成败，如果想要成功，那么就一定要注重细节。为什么苹果会从树上掉下来而牛顿却因此发现了万有引力定律呢？为什么水烧开了之后，水壶的盖子会跳起来而瓦特因此发明了蒸汽机……这些事情在我们眼里是再也正常不过的事情了，而在那些科学家眼中却能在其中发现许多不被我们所了解的细节。那些伟大的发明与发现，哪一个不是他们认真地观察生活中的细节而发现的呢？同样一件事，拿给不同的人看，他们会发现不同的细节。生活中的细节无处不在。一个善于发现细节的人，才能成为生活中的勇者。细小的事情往往发挥着巨大的作用。一个细节可以让你走向自己的目的地，但同时也可以让你饱受失败的痛苦。每一件事情都是由无数个细小的细节组成的，每一个环节都很重要。就好比是一条铁链，有无数节铁环组成，每一个铁环都很重要，其中的无论是哪一部分断裂了，整条就都没用了。每一个被发现的细节，都会成为你将来成功的铺垫；每注意一个细节，都会让你的成功多一分希望。每当你用心地去发现它们时，都会让你有惊喜的收获。

"钉子缺，蹄铁卸；蹄铁卸，战马蹶；战马蹶，战士绝；战士绝，战事折；战事折，国家灭。"这是美国学者维纳编的民谣。古代某国，飞马传书，因马掌缺了一个钉子，造成马掌脱落，战马仆倒，战士摔死，信未送到，战争失败，最终导致了国家灭亡。

　　英国国王理查二世和里奇伯爵准备决一死战，决定谁来统治英国。在决战当天，理查派马夫去准备战马，马夫让铁匠给国王的战马打掌。铁匠说："我早几天给军队的战马全部打了马掌，马掌和钉子都用光了，要重新打。"马夫不耐烦地说："我等不及了，你有什么就用什么吧！"于是，铁匠找来四个旧马掌和一些钉子。可最后一只马掌只打了两枚钉子，马夫又等不及了，认为两枚钉子应该能够挂住马掌，就牵走了马。结果在战场上，理查的马掉了一只马掌，战马失足把理查掀翻在地。理查当下就被里奇伯爵活捉，他的王国也随之崩溃。后来，人们评价说：细节决定成败，帝国亡于铁钉。

　　上海地铁一号线是由德国人设计的，二号线是中国人自己设计的。上海地处华东，地势平均高出海平面就那么有限的一点点，一到夏天，雨水经常会使一些建筑物受困。德国的设计师就注意到了这一个细节，所以地铁一号线的每一个室外出口都设计了三级台阶，要进入地铁口，必须踏上这三级台阶，然后再往下进入地铁站。这简单的三级台阶，不但在下雨天可以阻挡雨水倒灌，而且还减轻了地铁的防洪压力。实际上，一号线内的那些防汛设施几乎从来没有动用过；而地铁二号就因为缺了这几级台阶，曾在大雨天被淹，造成巨大的经济损失。

把握细节，造就成功

一位哲人说得好："小事永远是大事的根，每一棵生命之树的衰荣都可以从它的根上找到答案。"细节决定一个人的命运，只看见大事而忽略小事的人是无法成功的。决定细节的是一个人的教养、胸襟和人格，这些都离不开日常生活的不断积累。

早在读书的时期，恰科就立志要当一个银行家。开始时，他鼓起勇气到巴黎一家最有名气的银行去碰运气，结果吃了一个"闭门羹"。但是这个年轻人并不气馁，他又去了其他几家银行，可是依然都被拒之门外。几个月后，恰科又去了开始的那家银行，并且有幸见到了行长，但是再次遭到了拒绝。他慢慢地从银行大门口出来，突然发现脚边有一枚大头针。想到进进出出的人可能会被大头针弄伤，小伙子马上就弯腰拾起了针，然后小心翼翼地放进旁边的垃圾桶里。到家后，奔跑了一天的恰科躺在床上休息。他先后求职 52 次，可连一次面试的机会都没有。尽管命运对自己很不公平，可是第二天恰科还是准备再次去碰碰运气。在他离开住所关门的时候，意外地发现信箱里有一封信。拆开一看，天哪！原来是那家赫赫有名的银行寄来的录取函。原来，恰科昨日拾起的大头针的一幕被行长看见了。他认为精细小心正是一名银行职员必须具备的素质，于是改变了原先的想法，决定录用这个小伙子。凭着这枚小小的大头针，恰科走进了银行的大门，后来成为法国的"银行大王"。

在现实生活中，想做大事者比比皆是，但愿意把小事做细、把细事做透的人却屈指可数。致使众多仁人志士"千里之堤，溃于蚁穴"。但是，只有持之以恒的重视细节的人，获得成功的机会才会更大。就像有句俗话说的："世上无难事，只怕有心人""天下无易事，需要细心人"。所以，我们更应该坚信：细节决定成败，成功源于细节。对工作缺乏认真细致的态度，对事情敷衍了事，那么工作起来也就必然热情不足、冷淡有余。在这种状态中，要想做好工作，不能不说是一件困难的事情。而考虑细节、注重细节的人，把小事做细、把细事做透的人，往往能够从细节中找到机会，从而使自己踏上成功之路。

有这样一则故事：一个小和尚担任撞钟一职。一个月下来，看到师哥师弟们在烈日炎炎下浇菜种地，挥汗如雨，于是就暗自庆幸，觉得自己"做一天和尚撞一天钟"而已。有一天，主持宣布调他到后院劈柴挑水，原因是他不能胜任撞钟一职。小和尚很不服气地问："我撞得钟难道不准时、不响亮？"老主持耐心地告诉他："你撞得钟虽然很准时，也很响亮，但钟声空泛、软弱，没有掌握住钟声的节奏感，没有感召力。"小和尚因此丢职，原因是未抓住细节。

细节虽小，但是，我们决不能因此而轻视它。不然，我们做任何事情的最终结果就会像小和尚撞钟一样，也就应验了"千里之堤，溃于蚁穴"这句古训了。细节绝不是细枝末节，而是要用心，是一种认真负责的态度和科学的精神。只有用心，我们才会看到细节，看到细节背后事物之间的内在联系，就能够做好细节。香港商业巨子李嘉诚，不论是在事业上还是在与人的交往中无一不面面俱到，可以说是取得了巨大的成功。他在一次讲学中说道："栽种思想，成就行为；栽种行为，成就习惯；栽种习惯，成就性格；栽种性格，成就命运。"所以说，"注重细节"的这个行为习惯在日积月累对人产生了深远的影响。智者善于以小见大，从平淡无奇的琐事中参悟出深远的哲理。名人之所以成为名人，其实没有什么特别的原因，只不过是比普通人多关注了一些细节问题而已。荀子在《劝学》中阐述："不积跬步，无以至千里；不积小流，无以成江海……"说的都是同一个道理：凡事皆是由小至大，小事不愿意做，大事就会变成假想。

　　"七个烧饼"的故事想必多数的人都听过：说的是有一个人买烧饼，吃了六个没饱，当吃到第七个时饱了，他忽然觉得前面六个烧饼的钱都浪费了，早知如此，就只买第七个烧饼就可以了。这里面的哲学思想说的就是从量变到质变的过程，或许有些人还无法将这一事实上升到理论的高度来阐述，但是大家应该明白，倘若没有前面六个烧饼垫底，就不会有吃第七个烧饼就饱的结果。

　　当你乐此不疲地拾起细碎的石块，经过日积月累的岁月，建造了一座高耸的城堡，只有站在城堡俯瞰脚下的美丽景色时，你才会体味到这些小事的重要性。正所谓，细微之处见精神，每个人都应该从小事中做起。小事不能小看，细节方显魅力。以认真的态度做好工作岗位上的每一件小事，只有不轻视小事，才能在平凡的岗位上创造出最大的价值。"以管窥豹，可见一斑。"我们通常可以从生活中的一些微不足道的小事中明察秋毫，从而参悟到一个人的内在精神。

第 6 章

奋斗中积聚力量，追求中传承信念

　　一个没有信念或是不坚持信念的人，只能是平庸地过完一生；而一个追求自己信念的人，永远也不会被困难打败。因为信念的力量是惊人的，它可以改变恶劣的现状，形成出乎意料的圆满结局。信念是坚强的精神力量，是一种执着向前走的勇气，是追求与向往的先驱，更是生命动力与奋斗的目标！信念让人充实，信念让人奋进，信念或许来源于平凡，但它必定会滋生出伟大。

第一节　追求诚信，赚得财富

什么是诚信？诚信就是诚实、守信。它是我们做人的准则，是我们国家、民族繁荣昌盛的基础。诚信在我们日常生活中起着很重要的作用，所以在人与人之间的交往中，在生意场上的竞争中，国家与国家之间的协商会晤中，都要以诚相待，只有这样，才能够增进友谊、团结他人。诚信是人生最大的财富，拥有诚信便是拥有一种财富，一种成功。可是，诚信一词却逐渐被世人所淡忘。

皇甫绩守信求责

皇甫绩是隋朝有名的大臣。在他3岁的时候，父亲就去世了，母亲一个人难以支撑家里的生活，就带着他回到娘家住。外公看皇甫绩聪明伶俐，又没了父亲，很是可怜，因此就格外疼爱他。外公叫韦孝宽，韦家是当地有名的大户人家，家里很富裕。因为家里上学的孩子多，所以外公就请了个私塾先生，办了个自家学堂，按照当时的说法叫私塾。于是，皇甫绩就和其他的表兄弟们都在自家的学堂里上学。外公是个很严厉的老人，特别是对他的孙辈们，更是严加管教。私塾开学的时候，就立下了规矩，谁要是无故不完成作业，就要按照家法重打20大板。

有一天，上午上完课以后，皇甫绩和他的几个表兄躲在一个已经废弃的小屋子里下棋。因为一时的贪玩，不知不觉就到了下午上课的时间。大家都忘记了教师上午留的作业。

第二天，这件事就被外公知道了，他把几个孙子叫到书房里，狠狠地训斥了一顿。然后依照规矩，把每人重打了20大板。外公看皇甫绩年纪最小，平时又很乖巧，再加上没有父亲，就不忍心打他。于是，就把他叫到一边，慈祥地对他说："你还小，这次我就不罚你了。但是，以后绝对不能再犯同样的错误了。不做功课，不学好本领，将来怎么能成大事？"皇甫绩和表兄们相处得极好，小哥哥们都很爱护他。看到小皇甫绩没有被罚，心里都很高兴。可是，小皇甫绩心里却很难过，他想：我和哥哥们犯了同样的错误，耽误了功课。外公却没有责罚我，这是心疼我。可是我自己不能这样放纵自己，应该也依照私塾的规矩，被重打20大板。

于是，皇甫绩就找到表兄们，求他们代替外公重打自己20大板。表兄们一听，都笑了起来。皇甫绩却一本正经地说："这是私塾里的规矩，我们都向外公保证过触犯规矩甘愿受罚，不然的话就不守诚信。你们都按规矩受罚了，我也不能例外。"表兄们一时都被皇甫绩这种信守学堂规矩、诚心悔过的精神感动了。于是，就拿出戒尺打了皇甫绩20大板。后来皇甫绩在朝廷里做了大官，但是这种从小养成的信守承诺、勇于承认错误的品德一直保持着，这使得他在文武百官中享有很高的声望。

晏殊信誉的树立

北宋词人晏殊，素以讲求诚信著称。在他14岁的时候，有人把他作为神童举荐给皇帝。皇帝召见了他，并要他和一千多名进士一同参加考试。结果晏殊发现考试是自己10天前刚练习过的，就如实地向真宗报禀告，并请求更换其他的题目。宋真宗非常赞赏晏殊讲求诚信德的品质，便赐给他"同进士出身"。晏殊当职时，正值天下太平。于是，京城的大小官员便经常到郊外游玩，或者是在城内的酒楼茶馆内举行各种宴会。晏殊当时家里贫寒，没有钱出去吃喝玩乐，只好在家里和兄弟们读写文章。

有一天，真宗提升晏殊为辅佐太子读书的东宫官。大臣们都非常惊讶，不明白真宗为何要做出这样的决定。真宗说："近来群臣经常出去游玩饮宴，只有晏殊闭门读书，如此自重谨慎之人，正是东宫官合适的人选。"晏殊谢恩后说："我其实也是个喜欢游玩饮宴的人，只是因为家贫而已。如果我有钱，也早就参与宴游了。"这两件事，让晏殊在群臣面前树立起了威望，而宋真宗也更加信任他了。

一个人是否真的具有诚信的品格必须具备以下几点：

§ 要懂得诚信的表现不是做表面的工作，而是一个人的道德修养，这绝不是能够用金钱买到的。

§ 诚信和你做的事是大还是小并没有任何直接的关系，"勿以善小而不为"说的就是这个道理，通常情况下一件细微之事足够反衬出一个人的人格；

§ 懂得诚信可以是我们在金钱、权力、地位等面前不会为之倾倒的警铃。诚信需要我们信守承诺，诚信的力量可以感动一切。所以说，诚信就是财富。拥有诚信对我们极为重要，诚信反映出一个人的品格质量，它会让你在物欲横流的世界不至于迷失方向，指引你前进的方向；诚信能帮助你在危难关头渡过难关；诚信能让一个贫穷者变为一个富豪；诚信能使你在人生的道路上走得更加的顺利，风雨无阻；诚信能够改变你的命运。《百万英镑》中有这么一句话是："我没有一百万，但我有真诚。"诚实而贫穷的主人公最终娶了一个富翁的女儿度过了一生。诚信拥有如此强大的力量，让人不禁感叹：拥有诚信，就是拥有了世界上最大的财富。诚信是做人的根本，更是财富的创造者。假如一个人失去了诚信，那就等于失去了今生的所有。相反，一个人能够以诚待人，以诚做事，那么财富就会源源不断地向你袭来。

诚信是人生最大的财富

诚信是做人之根本，因为世界有真诚的存在才得以更加的绚丽多彩。拥有诚信就相当于拥有了人生最大的财富。拥有了成功的人生。而故事中的年轻人丢掉了诚信，无疑就是去了人生中最大的财富，也失去了获得成功人生的机会。

诚信是无形的，却可以历久弥新；诚信是无色的，却可以耀眼夺目；诚信是无味的，却可以在上下五千年、纵横海内外散发出迷人的芬芳。无形、无色、无味的诚信有着震撼心魄的力量。一位社会学家就"为什么我会成功"在一千位成功人士中做过调查，结果令人出乎意料，没有一个人认为他们的成功是因为自身有才华。他们当中绝大多数人认为：成功的秘诀在于"诚信"。其中以为只有小学文化的企业家说："高深的理论我不懂。我只知道，诚心诚意地对待我的每一位客户，诚心诚意地对待所有与我合作的人。"诚信让他不断地发展着自己的事业。

诚实是为人之本。首先，诚信是真善美的高度统一，它是做人的根本，诚信也是一切德行的基础和根本。所谓道德行为，就是真心实意地去履行自己的义务和责任，而不是秀给别人看。所以，有诚才有道德，无诚则无处可谈道德。朱熹认为，诚是道德增进的内在保证，内在的驱动力。他比喻说："如果播种，须有种子下在泥中方会日日见发生，若把个空壳下在里面，如何会发生？"也就是说，没有诚意的道德，就是无种的空壳。所以，诚意是道德修养中的最重要的一环。其次，因诚而善，不仅对自身有很多好处，还可以让自己的诚实感化、影响他人，让他人也能够诚实善良。庄子曾经提出过："真，是精诚达到极致的状态。"不精不诚的人，也不可能打动他人。所以勉强哭泣的人，虽然看起来很悲切，但并不是真正的哀伤；故作愤怒的人虽然严厉，但却没有真正的威风；装作很亲近的人虽然笑声很大，但却并不和谐。真正的悲痛是无声的哀伤，真正的发怒是未发作就已经感受到不怒而威，真正的亲近是没笑的时候就已经很和谐。真心在内，神态在外，内外统一，这才是真诚的可贵之处。诚信不仅是德、善的基础和根本，也是一切事业得以成功的根本保证。因为，只有出于诚意，才能对事真心实干，真诚务实，脚踏实地，有始有终，从而充分发挥自己的潜能。所以曾国藩曾说："只要有一颗至诚之心，则天下无不可为之事矣。"诚信是最健康的心态，它能给人们带来巨大的精神快乐，一个真诚无伪的人，才能无愧于心，坦然安宁，保持平静、愉悦的心境。正如孔子所说："君子坦荡荡，小人长戚戚。"

人而无信，不知其可也

重耳是晋献公的儿子。晋献公年老的时候，宠爱一个叫骊姬的妃子，想把骊姬的小儿子奚齐立为太子，就把原来的太子申生杀了。太子申生一死，晋献公的另外两个儿子重耳和夷吾都感觉到了危险，于是连夜逃到别的诸侯国去避难了。重耳流亡到了楚国。楚成王把重耳视为贵宾，还用招待诸侯的礼节侍奉他。楚成王对待重耳特别好，重耳也对楚成王十分尊敬。两个人就这样交上了朋友。

有一次，楚成王在宴请重耳的时候，开玩笑地说："公子要是回到晋国，将来要怎样回报我呢？"重耳说："要是托大王的福，我能够回到晋国，我愿意跟贵国交好，让两国百姓过太平的日子。万一两国发生战争，在两军相遇的时候，我一定退避三舍。"后来，重耳真的回国即位了，这就是后来的晋文公。

春秋时期，战乱四起，诸侯争霸。公元前632年，晋国和楚国之间真的发生了战争。楚军下令进军，晋文公就立刻命令往后撤。晋军中有些将士不解地问："仗还没打，怎么就退了呢？"晋文公说："这是我当初许下的诺言，即使这一仗败了，也要履行诺言。"

这样，晋军一口气后撤了九十里，到了城濮（古地名）才停下来，摆好了阵势。

楚国有些将军见晋军后撤，想停止进攻。可是成得臣却不答应，一步盯一步地追到城濮，跟晋军遥遥相对。

成得臣还派人向晋文公下战书，措辞也十分的傲慢。晋文公也派人回答说："贵国的恩惠，我们从来都不敢忘记，所以就退让到这儿。现在既然你们不肯谅解，那么只好在战场上比个高低啦。"成得臣一向居功自傲，不把晋人放在眼里，结果中了晋军的埋伏，被晋军前后夹击杀得丢盔弃甲。

晋文公连忙下令，吩咐将士们只要把楚军赶跑就可以了，不要再追杀。成得臣带着残兵败将走到半路上，觉得没法向楚成王交代，就自杀了。晋国打败楚国的消息传到周都洛邑，周襄王和大臣都认为晋文公立了大功。周襄王还亲自到战场上慰劳晋军。晋文公也趁此机会，给天子建造了一座新宫，还约各国诸侯开了大会，订立了盟约。这样，晋文公就当上了中原的霸主，成为"春秋五霸之一"。

信与诚是统一的，信以诚为基础。信是诚实不欺，遵守诺言的品德。诚信是处理人际关系最基本的道德规范之一。信是做人的根本。这是因为，人能守信，言行才会可靠，才能取得他人的信任，和他人建立并保持正常的交往关系。假如一个人没有信誉，所言所行就都不能被信赖，难以在群体和社会上立足。其次，倘若人际关系缺少了信，社会秩序必然一片混乱，难以维持。倘若人与人之间都能守信，就可以消除人与人之间的怀疑、隔阂，并建立和谐的人际关系。而且对于国家来说，守信也非常重要的道德准则。只有让人民信赖的政府，才能齐心协力地共同奋斗。

第二节 追求自信，赢得支持

爱默生曾经说过："自信，是成功的第一秘诀。"正因如此，没有自信就没有成功，想要成功就必须先要自信。自信是成功的必要条件。自信就是力量，拥有了力量就有了走向成功的基础。人生要想获得成功，就必须有一个源头，而这个动力的源头只有自信！

一代文学大师韩愈，他初次应试的时候，就名落孙山。当他再次应考的时候，居然面对的是一样的考题，他竟然大胆地把原来的文章一字不漏地递到了同一位考官的手里。正是这位面试官，立即对这位大胆的考生大为赏识，就把他取名为了第一名。韩愈的这一大胆举动，在某些保守派的眼中，大概算是十分荒唐、十分放肆的。可是，韩愈成功了！他成功的秘诀就是自信！

要保持乐观的人生态度，就要保持每时每刻都充满自信。但是，每个人的自信程度都不会相同。有些人充满自信，总是能很顺利地摆脱困境，解决难题；而有些人甚至会怀疑自己没有达到目标的精力、能力和方法。

给自己灌注无穷的信心

　　成功取决于信心，信心是一切成功的基础。信心是主观和客观之间，或者说是你的灵魂和肉体之间的联系的一个环节。信心是天才的最佳替代物。实际上，信心与天才是近亲，信心与天才经常携手。信心是成就的伟大领航人。信心指明了通向成功、走向辉煌的道路。信心有通晓一切成功的能力或本能，因为它能看到人们身上的潜在发展前途。信心能够开启守卫生命真正源泉的大门，正是凭借于信心，才能发掘出伟大的内在力量。在人们付出努力的各个方面，只要有信心就能创造奇迹。

　　成功学的创始人拿破仑·希尔说："自信，是人类运用和驾驭宇宙无穷智慧的唯一的通道，是所有'奇迹'的根基，是所有科学法则无法分析的玄妙神迹的发源地。"奥里森·马登也曾经说过这样一段耐人寻味的话："如果我们分析一下那些卓越人物，就会看到他们有一个共同的特点：他们在开始做事前，总是充分相信自己的能力，排除一切艰难险阻，直到胜利！"世界上成功显著的成功人士的典型特征是，他们都对自己的前途充满了极大的信心，他们无不相信自己的力量，他们都对未来充满了信心。

　　居里夫人曾经说过："我们应该有恒心，尤其要有自信！我们必须充满相信，我们的天赋是用来做某种事情的，无论发生什么事情，活着的人总要照常工作。"正是因为自信，所以当我们面对挫折的时候，才能在工作失意的时候、恋人分手的时候、求学失败的时候……才能够充满能量地勇敢地面对眼前的一切挫败。只有在充满自信，才能够敢于在跌倒的地方重新站起来，抬首挺胸大步地向前走去。无数的事实都说明了失败是成功之母，而自信是成功的基石。有了自信，我们才能够看到成功的曙光，看到成功在不远处朝我们挥手。

在困境中充满自信的人

世界上有一批虽然身处逆境，但是却充满自信，自强不息，奋斗向上，最终拥有辉煌成就的人。

古希腊著名演说家德摩斯梯尼，先天患有口吃病，幼年结巴，语调微弱，演说经常被人喝倒彩。但是，他始终对自己充满信心，为了克服口吃病，每天清晨，他都口内含小石子，不断地练习呼喊，终于成为口若悬河、辩驳纵横的演说家。

德国著名天文学家开普勒。曾在4岁的时候出天花，留下了脸麻的后遗症，之后又患上了猩红热，高烧烧坏了他的眼睛，之后他就成了高度近视。他终身受尽了疾病的折磨。但是，他从未失去自信，在贫病交加中仍然斗志昂扬了数余年，最终发现了行星运动的三定律，为牛顿发现万有引力定律打下了坚实的基础，同时还著有《宇宙的神秘》《哥白尼天文学概要》《宇宙谐和论》等重要的科学著作。

在逆境之中不失掉自信，古今中外的例子已经屡见不鲜。像张海迪，幼年时因病高位截瘫。但是，她从未放弃自信和努力，最终成为作家翻译家；拥有科技"铁人"之称的高士其，他的病情在不断的持续恶化中，创作了60多万字的科学小品和科普论文、两千多行诗歌，著述了新书

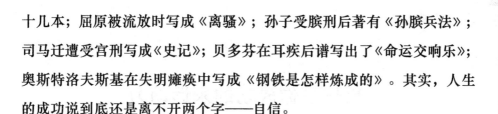

十几本；屈原被流放时写成《离骚》；孙子受膑刑后著有《孙膑兵法》；司马迁遭受宫刑写成《史记》；贝多芬在耳疾后谱写出了《命运交响乐》；奥斯特洛夫斯基在失明瘫痪中写成《钢铁是怎样炼成的》。其实，人生的成功说到底还是离不开两个字——自信。

自信不能停留在想象上

《墨子·亲士》里有一句话："君子进不败其志，内究其情；虽杂庸民，终无怨心，彼有自信者也。"意思是说君子仕途顺利时不改变他的志向，不得志时心情也一样；即使杂处于庸众之中，也始终没有怨尤之心。他们是自信的人。自信是要运用到生活当中去的，不能只停留在表面上，凭空想象。要成为自信者，就要像自信者一样去行动。只有我们在生活中自信地讲了话，自信地做了事，我们的自信才能真正确立起来。而面对社会环境，我们每一个自信的表情、自信的手势、自信的言语都能真正在心中培养起来。你的"灯塔"不能只是一个脑海中的"模拟物"，这样，何时你那真正的"灯塔"才会出现呢？所以，从现在做起，开始修砌你的"灯塔"，建立你的自信。

自信是人生前进的灯塔，有了自信，人生才有了方向，才会指引着你走向成功。只要你愿意为此而付出努力，那么请相信成功就在不远方等着你来发现它。李白有首诗中这样说道："天生我材必有用"。抬起高昂的头颅，挺起宽阔的胸膛，追寻着人生的灯塔活出自己的精彩。所以说，只有自信，才会在竞争激烈的社会中寻找到适合自己的位置。请相信自己是上帝创造的一个奇迹，因为自己是最好的，独一无二的。我们会创造一个属于自己的梦想王国，而在梦想的国度里，国王的主导地位非你莫属。

自信是你成功的永远动力

一个人，如果具有坚强的自信，往往可以使平庸的男女能够成就神奇的事业，甚至成就那些虽则天分高、能力强，但是疑虑与胆小的人所不敢染指的事业。如果不热烈而坚强地渴求成功，不对成功充满期待，我还不曾耳闻天下会因此有人能取得成功的。成功的先决条件就是充满自信。信念，是一种使不可能成为可能的心灵力量；信念，将人类的灵魂与更高的力量联结在一起；信心是快乐的基石，没有信心，就没有永恒的快乐；信心创造真理，引领心灵走向平和，释放灵魂的疑虑、担忧、焦虑和恐惧。有许多人，一旦遭受挫折，便心灰意冷，提不起精神，他们以为自己的运气正在与他作对，再挣扎也没有用。

除了人格之外，人生最大的损失莫过于失掉自信心，当一个人失去自信心时，一切事情都将不会再有成功的希望。有勇气、有决心的人，没有什么障碍能够阻挡得住他。班杨被关进了监狱，他仍然写出《天路历程》；弥尔顿被挖掉眼睛之后，仍能写出《失乐园》；派克门也靠着他一往直前的坚韧之心，写成《卡里夫尼亚和奥里更的浪迹》；英国邮政总局局长夫奥西特之所以能获得受人尊敬的地位，也无非是由于他有坚韧的毅力。像这一类的前例，不知有多少，他们的成功都是本着坚韧换来的。一个人的能力，好像水蒸气一般，不受任何拘束，没有限制，谁都无法把它装进固定的瓶子里；要把这种能力充分发展出来，非有坚决的自信力不可。

如果有坚定的自信，即使平凡的人，也能做出惊人的事业来。缺乏自信的人即使有出众的才干、优良的天赋、高尚的性格，也很难成就伟大的事业。

如果有坚定的自信，即使平凡的人，也能做出惊人的事业来。缺乏自信的人即使有出众的才干、优良的天赋、高尚的性格，也很难成就伟大的事业。自信就是相信自己的价值和能力，一个人所取得成就的大小绝对超不出他的自信程度，缺乏自信的人就像鸟儿没有翅膀一样可悲。在竞争激烈的现代社会中，缺乏自信的人一定最先被淘汰，因为他们往往在刚刚进入竞争时，就由于不自信而放弃了。

第三节　追求热情，创造奇迹

充满激情甚至能够改变世界

在证明地球是圆形之前，全世界都深信不疑地认为地球是一个平面的，从没有人敢于去验证这个论断。换句话说，他们因为深信此事不能改变，所以才没有人敢去尝试。直到哥伦布首次质疑这个观点时，问道："假如地球不是平面呢？"因为这个问题，扩展到了西班牙的疆域，从此改变了历史，并彻底改变了一个根深蒂固的错误观点。尽管我们的生活经验常常告诫我们，现实是不可更改的，但现实却常常因为某次的创新而改变。倘若发现现实变化了，从前把不可能的变成可能，我们的行为也会发生相应的变化。自从哥伦布从新世界凯旋以后，世界地图从此就被修改了，从而开启了一个探险的新时代。这完全依赖于哥伦布对生活充满了强烈的热情，

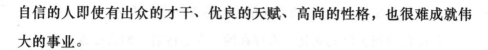

D

第6章　奋斗中积聚力量，追求中传承信念

促使他能带着好奇心出发，发现生活中被他人忽略的事情。

但所谓的新世界其实是一直存在的，在等待着人们去探索，可只有哥伦布勇敢地驾船跨越地平线以前，人们只是胆怯地想："离开岸边到底是有多远才是安全的？哪些事情是可以尝试的，哪些是不可以的？"

实际上，人和人之间的交流总是伴随着或是这样或是那样的情感和态度。不同的情感表达和态度可以在人际交往中达到完全不同的效果。激情是一种热烈的情感，是一种积极、主动、友好的情感和态度，而与之相对的冷漠是冷淡、事不关己的情感和态度。冷漠的人，工作的时候也是无精打采的，而充满激情的人工作起来就像个从沉睡中苏醒的狮子。冷漠的人对待他人总是爱理不理、漠不关心的，而热情的人总是主动关心、主动帮忙，就像冬天里的一把火一样温暖人心，但是即便是如激情这种热烈的情感和态度也必须做到适时、适度、适当。我们每一个人都不得不承认，激情的力量是巨大的，它几乎可以改变整个世界。

这种从不可能到可能的实例在历史上已经屡见不鲜。查克·耶格尔驾驶着X-1首次超过音速，打破了"音障不可突破论"的神话。这源自于他的专业训练、天生的直觉和当时的最新科技，同时也证实了所谓的科学壁垒也是可以跨越的。

还有罗格·班尼斯特。1954年5月6日，他首次跑了一英里（约1.6千米）就用了4分钟，成绩是3分59.4秒，打破了9年前的世界纪录是4分1.4秒。他打破了"人类跑一英里只用了4分钟的神话"，也跨越了爱因斯坦所说的"想象力的边缘"。在赛后，班尼斯特说："现在我的记录打破了人们的预言，我的记录将来也会被别人打破，就像不断穿越体育的音障。"以后的事实也证明了他的话，许多运动员一次次地刷新了新的世界纪录。

巴菲特曾经被问到"现在你富可敌国，生活发生了什么改变？"他回答说："我喜欢什么就可以买什么。"但他停了一会儿，又补充道："但是，我以前也这么想。"巴菲特用他对生活的热情，追求生活激情的动力，创造出了亿万的财富。巴菲特运用亿万富翁的独特的智慧和眼睛，用来思考和观察世界，从而让他有能力去创造财富，成为亿万富翁。

萧伯纳曾经说过："不理性的人总是用自己的观点来改造世界，所以社会的进步往往由他们促成。"我们一旦超越了自我设定的限制，就会很自然地看到一个充满希望的新世界出现在眼前。

我们每一个人都必须承认：热情的力量是巨大的，它几乎可以改变整个世界。热情存在于我们每一个人的身上，只是通常情况下人们不善于投入自己的热情而已。所以说，热情之于人的行为就像蒸气和火车头的关系，它有着极大的推动力，这股巨大的力量可以有效地推动人们身体里的内存，让人的个性、能力充分地展示出来，即便是资质平凡的人，只要愿意投入热情，也一定会在热情的驱动下创造出奇迹来的。

我们一定要相信的是，一个杰出的人，他能够成功的原因有很多，但居于这些原因之首的就要属热情。这些杰出的人，他们在做每一件事情的时候，内心都是充满激情的，始终保持着一种"说做就做"和"要做就做到最好"的精神状态，在行动上也毫不迟疑，这就和平庸、惰性的人在状态上形成了鲜明的反差。现如今，社会已经全面转型为竞争型的社会，人和人之间的竞争也愈来愈激烈，倘若你做事情的时候没有足够的热情，那么很快就会被社会淘汰出局。

所以说，一个人成就事业的规模大小，与他做事的热情成正比。当你怀揣着满腔的热情的时候，你就会被激发出你内心深处潜藏的信心，产生追求成功、追求卓越的动力，你的潜能也会得到极大地发挥；相反的是，倘若你缺乏热情，积极能动性就调动不起来，做什么事情都会变得犹豫、彷徨，这样的人，往往会与成功失之交臂。

保持热情收获成功

工作热情是一种散发出来的情绪，是一种积极向上的态度，它是一股力量，激发出人的潜能来解决最棘手的问题和琐事；它是一种推动力，驱使着人们不断地前进；它具有一种带动力，闪光于言、洋溢于表、展现于行，并影响和带动着周围更多的人急切地投身到工作之中去。工作热情并不是我们外在形式的一种包装，也不是看不见或者是摸不着的东西，它是一个人生存和发展的根本。

很久以前，有一位猎人，带了一条强壮而威猛的大猎狗去森林里面打猎。他们发现一只瘦弱的野兔逃窜于附近的灌木丛中。猎人这时稳稳地端起了猎枪，准备瞄准；一声枪响过后，野兔中弹了，不一会儿，草地上就变得惨叫连连，血迹斑斑。这时，猎人挥了一挥手，待命的猎狗就像离弦的箭一样，恶狠狠地朝着猎物扑去。野兔绝望地看着越逼越近的猎狗，心情顿时跌到了谷底，并奋力扭动挣扎着。它颤巍巍地站直身体，试着跑出几步，但顿时就袭来一阵钻心的疼痛。龇着獠牙、凶相外露的猎狗距野兔只有一步之遥了。不知是从哪儿来的一股力量，野兔突然撒开四腿，没命般地狂奔起来。猎狗加快了自己的速度，寻着野兔的血迹一路追击。它们之间的距离忽远忽近，眼看就要追上了，谁知转过一处拐角，野兔居然就突然消失了踪影。猎狗耷拉着脑袋回到了猎人的身边。猎人一看野兔跑了，气得大声地骂猎狗："养你真是没用，连只受伤的兔子也逮不住。"猎狗委屈地嘟哝："主人，你刚才也看到我已经是尽力而为了，只是那兔子跑得太快了。"

野兔气喘吁吁地跑回了兔窝，所有的兔子看见它浑身是伤，都围过来看个究竟。它简要地讲述了一下刚才发生的惊心动魄的一幕。所有的兔子就开始请教它传授逃跑的经验。它想了想，说："虽然那只追逐的猎狗气势汹汹的，但充其量只能算尽力而为。可是我不一样，在生死的关头，我感到了生命的美好和热情，所以我只能选择全力以赴、放手一搏，用我最后生还的希望在奔跑，根本不在意什么伤不伤的，所以才拼出了一条生路。"

从这只野兔的身上，我们可以得到一条重要的启示：做一件事情，一旦我们怀揣着无限的热情，全力以赴地投身到一件事情中去的时候，那这件事情一定会成功的。一个人全力以赴的时候，就不会想到失败和落后，只是因为对一份激情的执着，奋不顾身地投身到这件事情中去。

热情对于一个职场人士来说，就像生命一样重要。希尔博士说："要想获得这个世界上最大的奖赏，你就必须拥有过去最伟大开拓者所拥有的智慧和将梦想转化为现实价值的热情，以此来发展和销售自己的才能。"成功的人和失败的人在技术、能力和智慧上的差别通常情况下并不是很大，但是倘若两个人各方面都差不多，具有热忱的人更能如愿以偿。因为，从某种程度上说，热情比智慧更重要。凭借着热情，你可以把工作变得活泼有趣，让自己充满活力；凭借着热情，你也可以释放出巨大的潜能，塑造自己坚强的个性。这一切都可以让你获得领导的赏识和重用，从而赢得宝贵的发展机会。

第四节 追求卓越，活出精彩

大家有这种感觉吗？其实大多数的成功人士在某一点上都有他们的相似之处。大多数的成功人士，都是通过自己的努力获得事业上的成功，尽最大的努力，对工作充满热忱，追求品质上的卓越，事事做到亲力亲为，并全力以赴，实现人生的价值；而对一般人而言，他们只要求自己完成任务就好，付出别人要求的努力就算达到工作标准了，没有任何情绪的、机械地完成工作任务，只求完成，尽量少做。同样是一份工作，因为我们所在的高度不同，所以才会产生不同的行为结果。

曾经有一个年轻人，他想做苏格拉底的学生，就去向他求教。苏格拉底说："跟我到河里去，我才知道你是不是真的想学习。"那个年轻人听后有些疑惑，但还是跟着他去了。当他们来到河边时，苏格拉底就把年轻人的头按到了水里，还骑在了他的背上。没过多久，这个年轻人就开始呛水了，可是苏格拉底仍是把他的头往水里面摁。这个年轻人因为喝了太多的河水，就开始惊慌地挣扎了起来，最后他在奋力挣脱下，终于把头抬出了水面，逃命般地爬回了岸上。等待稍微清醒以后，他喘着粗气问道："你究竟是想干什么！是想把我淹死吗？"苏格拉底当时说了一句非常富有哲理的话："想跟我学习的人，必须有强烈的追求卓越、完美的欲望。"

老子日："天下皆知美之为美，斯恶已；皆知善为之善，斯不善已。故有无相生，难易相成，长短相形，高下相倾，音声相和，前后相随。"也就是说什么事物都是可以相互转化的，关键在于我们的态度。中国营销大师骆超先生说："产品是道具，服务是舞台，顾客是演员，企业是导演。"每一个人，必须有追求卓越的工作行为；有了卓越的工作行为，就一定能够创造出属于我们自己的未来。

卓越是一种心境

追求者说："非卓越无以辉煌，卓越是以智慧和胆识卓拨于天下。"也就是说，要高瞻远瞩而不是鼠目寸光，要富有远见卓识而不是附和应承，在追求至真至善至美的境界中表现出真正属于人的高尚品质。追求智慧的博大、大爱的无私……这些都是一种属于大写的人的生命本色，是人类自身提升内在卓越品质的必然历程。

但是，追求卓越绝不等于追逐名利。追求卓越是在智慧和勤奋的基础上，对生命品质的高扬。用辛勤的汗水绽放生命的光彩，用卓越的智慧反射出生命之光的璀璨，在血与汗的洗礼中向着卓越前进，在历尽千辛万苦中而无怨无悔，这就是追求卓越者的伟岸风姿。

追求卓越是对人的本质的发扬和价值的升华。人与生俱来就是卓越的、优秀的，生命从诞生之时就有卓越的品质，人都是大自然在生存变化中择优挑选的结果：我们每一个人在生命之初，都是和外界之中的不和谐进行不断磨合的过程，所以人类每一个新生命的诞生都是大自然别具一格的卓越的选择结果。物竞天择，适者生存，卓越者创造辉煌。一个追求卓越的人，一定是充满自信、勤奋、努力、拼搏进取的人；一个追求卓越的民族必定是朝气蓬勃、奋发图强、充满生机、和希望的民族。

苹果电脑的创业历程——团队力量的见证

这里充满着青春的活力，这些年轻人都是中坚力量，是他们研制出了苹果计算机，并将公司发展成同 IBM 一样具有同等竞争实力的电脑公司。1976 年，斯蒂夫·沃兹尼亚克和斯蒂夫·乔布斯两个人一起设计出了个人使用的计算机，并在一年之后以苹果Ⅱ型的商标投放于市场，短短 3 年的时间，就取得了卓越的成绩。1980 年，苹果电脑公司已经迅速的发展成为拥有 1.18 亿美元的大企业。尽管第二年 IBM 也推出了自己制造的个人计算机，但当时年仅 28 岁的董事长斯蒂夫·乔布斯并没有避其锋芒的想法。

他和他的同事关系十分要好，就像一群海盗一样的"团结"。乔布斯当时的角色是教练、一个班子的领导和冠军栽培人的新型经理，在这些方面是一个完美的典型。他是一个既热情又明察秋毫的天才，他的工作就是专门挖掘出各种各样的新点子，他是传统观念的活跃剂，他不会把什么事情都丢在一边、容不得拖沓和迁就的存在。

这些年轻人也都对董事长乔布斯发表了自己的看法。他们希望在从事的工作中能够做出伟大的成绩。他们说："我们不是什么季节工，而是兢兢业业的技术人员。"他们要对技术有全面的理解，要知道如何运用这些先进的技术来造福于人。所以，最简便的办法就搜罗一些十分出色的人物组成一个核心，让他们自觉地监督自己。苹果电脑公司招聘的办法就是进行面谈。一个新来的人要和公司至少面谈一次，也许会面谈两三次，之后再来面谈第二轮。当对录用做出最后决定的时候，就把苹果电脑公司的个人电脑产品——麦肯塔式拿给对方看，让他坐在机器的面前，倘若他没有显出不耐烦或者其他的什么抵触情绪，我们可能就会说这是一部挺棒的计算机来稍微刺激一下他，目的是让他的眼睛一下子亮起来，真正地激动起来，这样就知道他和苹果电脑公司是不是志同道合了。

现在的公司每一个人都愿意工作，并不是因为有什么工作非干不可，而是因为他们充满信心，目标一致。员工们一致地认为苹果电脑公司将来会成为一个大企业。现在公司正在扩展事业的版图，正在四处奔走地招聘专业的经理人才。许多人多数都是外行，只懂得管理，而不懂得干活儿，但是他们懂得什么是兴趣、什么是最好的经理，他们都是最伟大的献身者，所以他们就职一定能够做出别人做不出的杰出成绩来，而且苹果电脑公司的决策者对这一点一直都是深信不疑的。

苹果电脑公司在1984年1月24日推出了麦肯塔式计算机，在头100天里卖掉了75，000部，而且数量还在持续地攀升，这种个人使用的计算机粗略地计算一下，销售额就占到公司全年的一半。

在苹果电脑公司中，现在一切都要看麦肯塔式的经验，并且加以证明，他们可以得到许多这类概念来应用，在某些方面做些改进，然后形成一种模式，在所有的工厂中他们都在采用麦肯塔市场的模式，每一个制造新产品的小组完全是按照麦肯塔式的模式做的。麦肯塔式的例子证明，当一个发明班子组成以后，能够高效地完成工作任务，办法就是进行分工负责，各司其事。在人们意识到要为之做出贡献时，一项设计能否成功就是一次考验。在麦肯塔式外壳中不为顾客所见的部分是全组的签名，苹果电脑公司的这一特殊做法的目的就是为了给每一个最新发明的创造者本人而不是给公司，树碑立传。

这个案例讲了非常重要的两个问题：团队精神和领导，这两点是在工作中走向卓越的重要指路明灯。

团队精神，是指企业内部的思想和行为达成高度的一致，充满团结的氛围，员工都遵循企业共同的管理理念和经营理念，为了共同的事业而相互合作，从而让企业产生了一种合力，所以团队的组建需要有一定的领导力。

所以说，团队精神并不是孤立存在的，要想建立精英团队，首先是要建立企业的精神或是企业的信仰，确定企业的核心价值观；然后再通过它来吸引志同道合的心仪合作伙伴；最后，这种价值观的形成体现在企业的制度上，或是体现在领导者的身上，国内的许多企业基本上都是采取后一种方式。所以，团队精神实质上就是企业文化的问题。

卓越的姿态

有一种鸟，飞得很高，以其豪气冲天的气魄冲击着苍穹；在高山独居，以其清冷高傲的品格雄居万里；凶猛强悍，更以其强壮敏捷的身躯藐视天地众生。它，就是王者之鸟——鹰。

相传当鹰活到40岁时，爪子就会老化，无法捕杀猎物；喙变得又长又弯，几乎碰到胸膛，阻碍它进食；羽毛浓厚，翅膀也会因此变得十分沉重，不能飞翔。此时，它面临着两种选择：等死，或者是经过一个十分痛苦的重生过程。而鹰的选择是：拼尽全力飞到任何鸟兽都上不去的陡峭的悬崖，在150天左右的时间里，先把弯曲得像镰刀一样的喙摔向岩石，使之连皮带肉地从头上掉下来，然后静静地等候新的喙长出来；然后它就以新的喙为钳，把趾甲从脚趾上一个一个地拔下来，等新的趾甲长出来，再用利爪把旧的羽毛全部都薅下来，等新的羽毛全都长出来的时候，鹰会再一次飞向天空，它的生命从此将延续30年之久。它冒着疼痛、饿死的危险，改变自己，重塑自己，告别自己的过去，经历了一个死而重生的过程，一个超越平庸、成就卓越的过程。

这是一种追求卓越的物种，凭借着顽强的生命力，永远居于天地众生的制高点，它的视野从来都是以俯视来容纳整个世界。它不同于温驯呆滞的家禽，永远不会以谷物为食；不同于狡兔三窟的野兔，从不以草甸为居。鹰，从来不自甘堕落，云端俯冲的英姿，利爪破风的飒爽，倏忽而至，飘然而去，在瞬间猎杀，自甘平庸就会沦为它的猎物。

安逸，从来都不属于鹰。鹰的王者之路，是从选择飞翔就开始的。母鹰近似残酷的训练，让出生没多久的幼鹰能够独自飞翔，这是必须走的第一步。尽管这种飞翔仅仅只是小试牛刀般的训练的开始，但是幼鹰却要为之付出拼上全部生命的努力。第二步，母鹰把幼鹰从悬崖上摔下，幼鹰面临的结果要么是死，要么是飞翔。胆怯和平庸者就会被落下，死去；而勇敢和卓越者就会奋起直追，飞向蓝天。最后一步，是最为残酷，也最关键、最艰难的训练。在死亡中胜利飞翔的幼鹰，需要再次面临生与死、卓越与平庸的考验——它们翅膀中的绝大部分的骨骼会被母鹰折断，然后再次从高处被推下……如此反复的磨炼和一次次的突破，追求你卓越，方能"居高临下"。

卓越，是一种姿态，像鹰一样的姿态。生存，是从选择制高点的栖息地开始的，然后在云端里面高瞻远瞩，一旦猎物出现，立刻迅猛出击，精准地达成目标。生活中的我们，也应该像鹰一样，走向自强，走向卓越。每一个成功的人的背后多多少少都具备了鹰的王者气度。他们都用自己坚强的意志，克服平庸，最终走向了卓越，活出生命的另一番精彩。

第五节　追求豁达，收获幸福

俗话说："境由心生。"每一个人每一样事情倘若都能以博大、高尚的心境来包容一切的话，那么世界就会变得像水晶一样可爱和美丽。对于我们来说，豁达不仅仅意味着一种超然，它更是一种智慧。所谓豁达的"豁"，就是宽敞、透亮的意思，而"达"即是通达、畅快的意思。"腹中天地宽，常有渡人船"，这条船不仅能够"渡人"，更能"渡己"。本性豁达的人，未必是大富大贵之人，但却能活得洒脱、快乐。豁达是一种崇高、一种境界、一种文明、一种形象的显现、一种身心的和谐。豁达是一门生活的艺术，处事的学问。

从容而淡然地生活，宽容而坦然地生活，这就是一种豁达。豁达是一种审时度势、取长补短的机智，豁达是一种养精蓄锐的力量外化，豁达是对浮躁的彻底摒弃。豁达并不是一个神秘莫测而无法企及的境界。

只有我们高举冷静和理智的旗帜，在锲而不舍和持之以恒中，我们就会快速地达到豁达的境界。

豁达既是一种生活的态度，也是一种为人处事的思维方式。它一部分来源于性格，但更多的是缘于自己的修养。豁达者的人生，没有沉沦，没有畏缩的境况；胜不骄，败不馁，对负面的情绪有着超常的免疫力。尖刻、贪婪、势利、嫉妒通通都和豁达"绝缘"；不会笑里藏刀，更不会暗箭伤人；光明磊落，不屈不挠，即便到了山穷水尽之处，仍能够柳暗花明又一村，心境"胜似闲庭漫步"，笑看"人生的潮起潮落"。

豁达是一种大度和宽容，是一种品格和美德，是一种豪爽和乐观，是一种博大的胸襟、洒脱的态度。"君子坦荡荡，小人长戚戚""度尽劫波兄弟在，相逢一笑泯恩仇"，所以说，豁达者通常情况下能成大事。"自信人生三百年，当会击浪三千里"，生活就是竞争和拼搏，只有豁达的人才能轻视艰难，笑傲于江湖，在竞争中常立于不败之地。萧伯纳曾经说过："人生有两大悲剧，一是没有得到你心爱的东西，二是得到了你心爱的东西。"他的这句话似乎看起来很矛盾，可是仔细品味起来也不难看出：一是占有欲未得到满足的痛苦，二是占有欲已经得到满足后的失落情绪。

俗话说："人人心里有杆秤。"可是，大多数的人衡量的都是别人，而从来没有用这杆秤来衡量过自己，并非我们没想到过，而是我们大多数的时候只想找别人的缺点，然后与之一较高下，凡事都强出头，争强好胜，想尽一切办法来凸显自己的优势。到头来得到了什么？证明了自己比别人强又能如何？这样的人，终其一生，即便是到这个世界走了一遭，也找不到一个知心的朋友，因为他从来就没有正确地看待自己，将自己局限在了狭隘的视角里。一个人对待自己的生活，要做到从容，就像泉水一样潺潺流过。

在喧嚣之中，能够独守一片宁静；在浓郁之中，能够默念一份平淡。人生中有花开花落的悠闲，也有春去秋来的自然，更有比成功和幸福还要重要的情怀，那就是凌驾于一切成败和祸福之上的豁达胸怀！

从"佛祖拈花，迦叶微笑"开始，"禅"就作为一种"只可意会，不可言传"的修行法门，流传至今而未见其衰退。禅靠的是领悟的，众生皆有佛性，人人皆可成佛。在这陆离光怪、名利肆虐的社会里，用禅意平静内心的嘈杂，进而形成一份豁达、一份坦然的生活态度。豁达，让生命更加充实丰富，也让心境更加深邃明达。

途中珍重

灵训禅师在庐山归宗寺参学时，有一天，突然动了想下山的念头，所以就向归宗禅师辞行。归宗禅师问道："你要到哪里去呢？"

灵训诚实地回答道："回岭中去。"

归宗禅师关切地说："你在此参学了 13 年，既然今天决定要走，我应该为你说些佛法心要。等你收拾好行李后，再来找我吧。"

不一会儿，灵训禅师把整理好的行李放在门外，然后就去见归宗禅师了。

归宗禅师招呼道："走到我前面来。"

灵训禅师同从吩咐，准备聆听教诲。

归宗禅师只是轻轻地说道："天气严寒，途中多多珍重。"

灵训禅师顿有所悟。

"天气严寒，途中珍重"。倘若把"天气严寒"看成是旅途中的磨难、挫折、苦恼、坎坷，那么"途中珍重"就是以一颗豁达的心态对待一切的一种告诫。禅是如此的平常，如此的简洁，一句叮咛即可显露出禅意。

求人不如求己

从前，有一个人去寺庙参拜观音菩萨。

几叩首之后，这个人突然发现身边的一人也在参拜，而且模样和供台上的观音菩萨简直是一模一样。这个惊奇的发现令他真是百思不得其解，于是轻声问道："您是观音菩萨吗？"

那个人平淡地回答道："是。"

这个人就更加迷惑了，又接着问道："那您自己为什么还要参拜自己呢？"

观音菩萨回答说："因为我知道，求人不如求己。"

在人生中，我们通常选择去崇拜别人、羡慕别人，为了能成事，把"求人"看成是成就自己的重要筹码。殊不知"求人不如求己"。很多情况下，人生的成功，大都源于个人的豁达胸怀，笑看一切的磨难，通过身体力行、执着的意念和坚持不懈的毅力达成目标。豁达的人，宽容大度，胸无隔阂，吐纳百川。这样的人，最能顾及大局，讲求谅解、讲求友谊、讲求信任，能以豁达的态度，从容地看淡一切。这样的人不会搞权力之争、利益之争，不会被闲言碎语所左右，不会为误解而记仇；有了成绩也会想着他人，出现过失也会主动承担。所以，这样的人能拥有和谐的、稳定的人际关系。

人生一世，不如意之事十有八九。心境豁达，才能做到荣辱不惊，笑看庭前花开花落；去留无意，闲看天上云卷云舒。拥有豁达胸怀的人，永远都是秉持着得之淡然，失之泰然的处事原则。这样的人心大、心宽、有豪气，知道积极地开拓自己的人生，也懂得乐观、恰当的舍弃的道理。豁达也是一种人生智慧、一种做人的胸怀，是对人生的大彻大悟。豁达的人生境界值得赞赏，拥有豁达的心境的人也会生活得最坦荡最快乐。

美国的戴尔卡耐基曾经对人生做过这样的评价："只要不把自己看得太重，一个人就会很快乐。"每一个人都有自己与众不同的生活方式，你可以活得像珍珠一样精彩照人，但你不能把自己看得跟珍珠一样珍贵。我们应该把自己看成是一把泥土，努力让众人把你踩成一条路。很多的事情在每个人的眼里都会产生不同的看法，是对是错的定论都得纠缠不清。从古到今，很多事都是我们所不能评判的，也只能暂且评论一下换做自己会怎么做。人不分贵贱，不论你从事何种职业，做哪些事情，但只要你觉得对得起自己的良心，那么就放心大胆地去做。无论会产生什么样的结果，通常都会有两种结局，一种是流芳百世，一种是遗臭万年，但更多的人是籍籍无名，默默流失在历史的长河之中。大多数的人们还是选择为生活而努力奋斗着。古人说得好："力达而广济天下群雄，力弱而独善其身。"豁达的人，心胸宽广而有豪气，得之淡然，失之坦然。这样的人，他们总是乐观地经营自己的人生，也最懂得舍得的智慧。

狭隘的人总是在斤斤计较，容不得一丝一毫的亏欠。而思想成熟的人不会过多地追问过去；聪明的人是不会追问现在；豁达的人是不会追问未来。心胸开阔的人，自己会把握住当下，即使面对的是不同的遭遇也能变得坦然处之。一个人的心境是很重要的。我们做工作究竟是为了什么，难道就只是简单地为了生活的温饱吗？不论我们做什么事情，都应该知道，每一件事情的存在都有它存在的意义……倘若我们能保持一份好心情，提高适应环境的能力，保持乐观向上的精神状态，让自己走进豁达洒脱的境界，相信我们就能够掌握了生命的主动权。

毛泽东有诗云："牢骚太盛防肠断，风物长宜放眼量。莫道昆明池水浅，观鱼胜过富春江。"宽阔的胸怀才是人生辉煌的奠基石。心底无私天地就宽阔。俗话说："良言一句三冬暖，恶语伤人六月寒。"所以说，宽容是冬天皑皑雪山上的暖阳，倘若你有一份宽容的心境，就算是严冬里的冷风里也能把它当作温暖的太阳。

第六节　人生的意义在于追求

假如说生活是一幅画，那么追求就是其中绚丽的油彩；假如说生活是一杯水，那么追求就是其中的奶糖；假如说生活是一杯陈年的酒，那么追求就是亘古的芳香。所以说，生命因追求而精彩！每个人都有自己的梦想，有人生要追求的目标。

人生的意义在于追求，在于升华，追求是永恒的主题。只要有追求，就会有痛苦。有志者自会千方百计地想尽办法排除万难，追求心中美好的愿望。而胸无大志之人，只会自怨自艾，不停地抱怨世界的不公平，最终是一事无成。人生在世，必然要有追求。人生的追求是永无止境的，但在一定时间内具有相对的稳定性和鲜明的层次感。执着的信念和顽强的毅力是人生追求最终实现的保证。追求一轮朝阳，便将强壮的躯体化作了山峦去托起它；追求一个梦想，便将所有的心血化作了地平线去接受它；追求一种成功，便将自信的力量化作了迷人的风景去欣赏它。人生追求尽管形形色色，变动不居，但我们可以从中发现它的一些特点。

人生的追求是无止境的

不论什么人什么时候都是在追求一种生活。也许有的人说，对什么都提不起兴趣，这只不过是得过且过的借口罢了。实际上，这样的人也有自己的人生追求，只不过他的追求是一种要求过低的生活档次，而且这种追求过于被动和消极。积极的人生追求是要求人努力地活下去并且还要活得越来越有动力。生命的路是不断向前和向上延伸的，人生的追求也不可能永远只停留在一个目标上。一种需要得到了满足，往往也会滋生另一种新的需要，因而产生新的追求。人生的需要是无止境的，人生的欲望是无止境的，人生的追求亦是无止境的。人们对幸福的感受不会久久停留在一种满足上，而人的一生也正是在不断的更新中、追求中而展开的一页页新的篇章。

人生的追求具有相对稳定性

在不同的年龄阶段，对幸福的追求是不一样的。青年人因为还没有踏入社会，主要是对希望的追求，表现在生活中就是为了未来理想目标的实现，对相关知识和能力的追求，这一时期的追求是为人生打下坚实而重要的基础。中年人步入社会，追求的理想目标是幸福美满的家庭和称心如意的事业。他们追求的是怎样把自己的潜在价值激发出来，让自己的人生更加丰富。老年人在奔波劳碌了大半辈子后，开始回忆并整理自己的一生，享受自己创造的生活。从以上的叙述中可以看出，人们的追求因为不同的年龄阶段会各有侧重，这就启示我们要有必要的生命进程，把握住人生发展的趋势，坚定不移地去追求。

人生的追求具有鲜明的层次

就像人生需要可以划分为不同的层次，人生追求也要按由低到高的顺序划分为三个层次：一是对生存的追求。人们首先是要追求自己生存所需的条件，满足自己基本的生理需要。这一层次的追求要求很低，但又是人们在世界上立足必然的追求。二是对生活的追求，生活不等同于生存，在对生活的追求上，人们希望自己在精神上和物质上都得到一定的满足，追求才能体现人的意志和能动性的生活。三是对发展的追求，这个层次的追求是最高境界的追求，最充分的体现是追求自身价值。比如艺术家为了追求至上的艺术顶峰而奉献毕生心血。普遍说来，人们的追求总是不断地从低级走向高级的，但也有很多人沉湎于低层次的追求而无法超越，从而让自己的人生始终被局限于较狭隘的境界。

人生追求的实现

顽强的毅力和坚定的信念是人生追求的可靠保证。追求一定会面临着两种前景：成功与失败。人生追求不可能永远是一帆风顺的，失败的追求但也并不意味着追求就陷入了绝境，执着的人善于从失败中总结经验教训，重新调整目标，继续追求。所以，在人生追求的过程中，离不开顽强的毅力和坚定的信念。只有在坚定信念的支持下，在顽强毅力的辅助下，才能朝着既定的目标，坚定不移地前进。哥尔斯密说："我们最大的光荣，不在于一次也不失败，而在于每次倒下都能够站起来。"事实证明，许多人之所以一事无成，不是因为没有追求，而是因为没有顽强的毅力和坚定的信念，一旦追求遭受不顺，就会马上泄气，半途而废。顽强的毅力和坚定的信念来源于对所追求目标的深刻认知。追求的目标要切合实际，假如期望值过高，就会让人在徒劳中感到绝望；假如期望值过低，又没有挑战性，就很难发挥自己的潜力。所以，只有让目标贴近现实，符合自己的现状，但又能够超越于现实，对自己又具有激励指引的作用，才能让人对之产生坚定的信念，才有可能在追求的道路上勇往直前。李大钊先生说："凡事都要脚踏实地去做，不驰于空想，不骛于虚声，而唯以求真的态度做踏实的工夫。以此态度来求学，则真理可明，以此态度做事，则功业可就。"完美的人生在于追求，追求的道路虽然充满了艰辛，但是追求之旅又无时不闪烁着幸福的微笑。追求的道路不在天上，而是在我们的脚下，只要一步步地坚定不移地去追求，就一定能够收获丰富的人生。

今天的成功是因为昨天的积累，而明天的成功则依靠今天的努力。其实真正的成功是一个过程，把勤勉和努力融入每一天的生活中，融入每天的工作中。这要依靠我们的意志，但更重要的是要建立一个良好的生活习惯和工作习惯。追求，是人生惨淡时的指路明灯，是不计得失时的淡然处之，是国家危亡之时的心系社稷，是英勇悲壮时的豪迈洒脱，是大爱无言时的无私奉献。对我们青年人而言，追求是目标，也是理想。就像列夫·托尔斯泰曾经说过的："人类的使命在于自强不息的追求。"在起航的征途中，我们需要坚信的是"有志者事竟成"，这样才能扬起风帆，乘风破浪，早日登上成功的彼岸。

　　浩渺的乾坤，物竞天择，在历史的变迁中，时代被岁月推动着前进，而成为一段永远的传说。有多少人湮没在时光的隧道里，悄无声息。生命又是何其的短暂，所以在这短暂的一生中，我们要过得有意义。这是一个拥有多元化价值的时代，价值的多元化必然导致追求的多元化。对于人生来说，每个人都有着不同的追求，或者是灯红酒绿、浪费奢靡；或者是甘于平淡、逍遥自在；或者是奉献拼搏、锐意进取。

　　山再高，也高不过意志；石头再硬，也硬不过决心。在追求的道路上，也不要忘了在心底立下一颗决心。水能穿石，因为持之以恒德毅力；人能成功，因为坚持不懈的努力，在追求的道路上，这是必不可少的成功要素。只要大胆地想，大胆地去做，追求的道路上没有尽头，争取在下一秒、下一分、下一次重新找到人生追求的方向。每一个获得成功的人都有着对理想的责任感和对人生的使命感，这也是他们能够走向成功的重要的原因之一。换句话来说，要想做最好的自己，就要有清晰的理想蓝图和人生目标，爱因斯坦曾经说过："不要去尝试做一个成功的人，要尽力去做一个有价值的人。"追求，让人承接千载，视通万里；追求，让人拼搏进取，柳暗花明；追求，让人青春永驻，梦想成真；追求，充满乾坤正气，伟大而又平凡。只有追求，我们的生活才会因此而布满阳光，祖国的明天才会更加灿烂和辉煌。